다육식물로 꾸미는 모든 것

한눈에 반한 다육아트

전희숙·박수연·서복순·송영숙

부민문화사

책머리에

우리나라에 다육식물이 소개된 이래 우리나라 가정에는 다육 화분 한두 개 없는 집이 없을 정도로 다육식물은 국민들의 꾸준한 사랑을 받아 오고 있습니다. 하지만 다육을 화분에 심어 키우는 것은 널리 보급된 반면, 다육식물로 장식물을 만드는 다육아트 분야는 이렇다 할 발전을 이루지 못한 것도 사실입니다.

이웃 일본이나 미국을 비롯한 서구 세계에서는 이미 다육아트가 공예나 화훼장식의 한 분야로 자리를 잡아 다육식물을 이용한 다양한 장식물이 인테리어나 행사장식, 선물 등으로 활용되고 있으며, 다육아트를 전수하는 학습강좌도 활발하게 전개되고 있는데 비하여 우리나라의 경우 다육에 대한 국민적 관심과 애정에도 불구하고 다육을 예술적으로 활용하거나 예술성을 부여한 다육 작품의 상업화에는 다소 무관심했던 것입니다. 이러한 상황에서 근래에 다육아트 전용 붙는 흙이 국내에 도입된 것이 계기가 되어 다육아트(다육공예)를 해보려는 사람들이 늘어나고 있는 것은 그나마 다행스런 현상이라 할 수 있습니다.

이 책은 우리나라 다육아트의 활성화와 다육을 소재로 하는 문화와 산업 발전에 조금이라도 기여하려는 의도에서 기획되었습니다. 즉, 다육아트와 다육아트 제작법, 다육아트 디자인 등을 널리 소개함으로써 다육아트에 보다 많은 사람들이 관심을 갖고 다육아트 발전에 함께 할 수 있기를 기대하며 제작된 책입니다. 다육아트의 활성화는 다육 재배농가의 소득 증가에도 보탬이 될 수 있고 일자리 창출과도 무관하지 않습니다.

이 책의 구성은 다음과 같습니다.
part I : 다육식물에 대한 기본적인 이해를 돕는 내용이 실려 있습니다. 다육식물이라는 생명체의 생육과 관리에 대한 기본적인 이해는 다육아트에 대한 이해에 앞서 선행되어야 할 사항으로 다육식물을 키우고 관리함에 있어 시행착오를 줄이고 다육을 건강하게 관리할 수 있는 첫걸음입니다.

part Ⅱ : 다육아트의 기본 지식과 기술에 대한 내용을 서술하였습니다. 다육아트가 무엇인지 어떤 재료가 필요한지 제작 테크닉은 어떤 것이 있는지 등 다육아트 전반에 관한 지식과 기술을 실어 다육아트에 도전해 보고자 하는 분들이 쉽게 다육아트를 이해하고 따라해 볼 수 있도록 하였습니다.

part Ⅲ : 크게 다육아트를 실제로 따라해 볼 수 있도록 준비물과 제작과정을 밝힌 부분과 현장 다육아트 작가들의 다양한 다육아트 작품들을 소개한 부분으로 구성되어 있습니다. 초보자도 쉽게 다육아트에 도전하여 작품을 제작하고, 다양한 다육아트 디자인들을 접함으로써 다육아트의 아름다움을 만끽하고 작품 제작에 도움을 얻을 수 있도록 하였습니다.

모쪼록 이 책을 통해 많은 분들이 다육아트의 세계에 함께 하고 우리나라에서도 다육아트가 널리 보급되고 활성화 될 수 있기를 기대하며, 이 책을 제작하기까지 도움을 주신 모든 분들, 특히 이 책이 출판되도록 아낌없는 성원을 해 주신 부민문화사 정민영 사장님과 몇 차례에 걸친 거듭된 촬영에도 힘든 내색 않으시고 흔쾌히 촬영을 해주신 최훈석 사진작가님, 작품을 만들고 설명글을 내어 주신 모든 다육아트 작가님들께 진심으로 감사의 말씀을 올립니다.

전희숙, 박수연, 서복순, 송영숙 올림

목차

03. 다육아트의 실제

다육식물로 꾸미는 모든 것

한눈에 반한 다육아트

2017년 3월 20일 초판 발행

지은이	전희숙, 박수연, 서복순, 송영숙
작품	청강아카데미·대한다육토탈아트협회
만든이	정민영
사진 & 디자인	어떤날 one-day@hanmail.net

펴낸 곳	부민문화사
출판 등록	1955년 1월 12일 제1955-000001호
주소	(04304) 서울 용산구 청파로73길 89(부민 B/D)
전화	02-714-0521~3
팩스	02-715-0521
	http://www.bumin33.co.kr E-mail: bumin1@bumin33.co.kr

정가	18,000원
공급	한국출판협동조합
ISBN	978-89-385-0265-0 93520

Chapter 01

다육식물 이해하기

1. 다육식물이란?

다육식물은 줄기나 잎에 많은 양의 수분을 저장하여 두꺼운 육질을 가진 식물로 건조한 환경에서 적응하여 진화된 식물입니다. 다육식물은 전 세계에 분포되어 있으나 주로 강우량이 매우 적고 건조하며 낮과 밤의 일교차가 크고 건기와 우기가 있는 아프리카 남부와 서부 그 주변, 카나리아제도, 아라비아 사막, 멕시코 등지에서 자생합니다. 선인장류는 라틴아메리카가 원산지입니다.

2. 다양한 종류

다육식물에는 수많은 종류가 있으며, 돌나물과, 선인장과, 국화과, 초롱꽃과, 석류풀과, 백합과, 쇠비름과, 용설란과, 협죽도과, 디디에레과 등 다양한 과(科, Family)에 광범위하게 분포되어 있고, 속(屬, Genus) 또한 무척 많습니다. 다육식물의 종류는 속간 혹은 종간의 교배종이 계속 생겨나면서 현재도 그 수가 계속 늘어나고 있습니다.

에케베리아(*Echeveria*) 속
국내에서 가장 많이 유통되고 있으며, 대체로 장미꽃 모양의 로제트 형태이며, 색상이 다양합니다.
파키피텀(*Pachyphytum*) 속
보통 미인류로 불리며 통통한 잎이 특징입니다.
세덤(*Sedum*) 속
작은 로제트 형태에 군생을 잘 이룹니다.
에오니움(*Aeonium*) 속
대부분 나무모양의 형태를 이룹니다.
크라슐라(*Classula*) 속
보통 탑 모양을 이루며 자랍니다.
셈페르비붐(*Sempervivum*) 속
잎이 장미 모양의 로제트를 이루며 자구(子球)번식을 잘합니다. 강한 직사광선에 약하며 추위에는 강합니다.
교배종
파키베리아, 세데베리아, 그랍토세덤 등 속들간의 교배종과 같은 속 내에서의 종간 교배종이 있습니다.

변이종

금, 철화 등과 같이 다육식물 중에서 본래 모양이나 색상을 지니지 않은 것을 말합니다. '철화(crest)' 는 다육식물 본래의 모양이 아닌 긴 생장점을 가진 나선형의 특이한 형태로 성장하는 변이종이며, '금 (variegata)'은 세포층의 하나가 엽록소를 잃어버려 원래 색이 아닌 노란색이나 흰색 띠 또는 무늬를 보이 는 변이종입니다.

에케베리아 속 파랑새
(*Echeveria* 'Blue Bird' /돌나물과)

교배종 레티지아
(*Sedeveria* 'Letizia')

파키피텀 속 성미인
(*Pachyphtum oviferum* /돌나물과)

금/호접무금
(*Kalanchoe fedtschenkoi* 'Variegata')

코틸레돈 속 방울복랑
(*Cotyledon orbiculata* var. *oophylla* cv. /돌나물과)

철화 /천대전송 철화
(*Pachyphytum compactum* f. *cristata*)

3. 생장과 휴면

식물은 살아가기 적합한 환경 조건에서는 싹이 나고 자라고 번식하는 등 생육을 계속하지만 지나친 무더위나 혹독한 추위와 같은 살아가기에 부적합한 환경에 처하면 생장을 멈추고 생존을 위한 휴면에 들어갑니다. 다육식물도 마찬가지입니다.

다육식물의 생장과 휴면기는 종류에 따라 차이가 있으며, 크게 서너 가지로 정리됩니다. 하나는 서늘한 환경을 좋아하여 가을부터 겨울, 봄까지 생육하다가 무더운 여름에 휴면에 들어가는 유형(겨울형)이고, 또 하나는 빛과 고온을 좋아해 봄부터 가을까지 생장하다가 추운 겨울이 되면 휴면하는 유형(여름형)입니다. 또 봄·가을의 온화하고 건조한 환경에서만 생장하고 습하고 무더운 여름과 추운 겨울 모두 휴면하거나, 생장 속도에 차이는 있으나 계절에 관계없이 일 년 내내 꾸준히 생장하는 종류도 있습니다(춘추형). 유형과 종류에 따라 다육식물의 관리법에 차이가 있으므로 어떤 유형인지를 알면 관리에 도움이 됩니다.

표1 다육식물의 휴면 유형에 따른 종류 및 특징

유형	속(Genus)	종류(유통명)	특징
겨울형	리톱스, 코노피텀, 두들레야, 에오니움, 프리티아, 포카리아, 일부 코틸레돈·에케베리아·세덤·세네시오·크라슐라(일부) 등	리톱스도로시, 축전, 화이트그리니, 흑법사, 은월, 힌토니, 라우이, 사해파, 웅동자, 백분이 있는 에케베리아 종류 등	시원한 환경을 좋아하고 고온 다습을 싫어한다. 여름에 휴면하고 가을, 겨울, 봄까지 생장한다. 생육적온 5℃~20℃
여름형	아가베, 유포르비아, 알로에, 포툴라카리아, 카랄루마, 일부 코틸레돈·칼랑코에·크라슐라·에케베리아 등	천대전금, 홍기린, 호접무, 월토이, 꽃기린, 우주목, 염자, 아악무, 은파금, 흑룡각, 녹영, 프릴이 있는 에케베리아 등	빛과 고온, 건조한 환경을 좋아한다. 겨울에 휴면하고 봄, 여름, 가을까지 생장한다.
춘추형 (여름겨울 휴면)	셈페르비붐, 파키피툼, 그랍토페탈룸, 세덤, 가스테리어, 세데베리아, 칼랑코에(일부) 등	거미줄바위솔, 성미인, 용월, 멘도자, 홍옥, 자보, 레티지아 등	봄·가을에만 생장한다.
춘추형 (사계절 생장)	하월시아 세덤 일부	옵투사, 수, 정고, 오층탑, 유리전, 스와베오렌스, 힌토니 등	일 년 내내 자란다.

4. 관리하기

(1) 일반적 관리

1) 물주기

다육식물은 건조한 환경에 적응하여 진화된 식물이므로 물을 적게 주어야 합니다. 물을 자주 주면 오히려

뿌리가 썩고 죽기 쉽습니다. 하지만 다육식물도 물이 공급되어야 생장에 필요한 수분을 공급받고, 흙속에 산소를 보충하여 뿌리호흡을 할 수 있으므로 물주기는 반드시 필요합니다.

① 물주는 시기

물주기 간격은 식물의 종류와 크기, 화분의 재질 및 크기, 흙의 배합, 식물의 배치장소, 생장기와 휴면기 여하 등에 따라 달라질 수 있습니다. 보통 생장기에는 일주일 혹은 열흘에 한 번씩 주고, 휴면기에는 단수 하거나 물주는 횟수를 대폭 줄입니다. 그러나 규칙적으로 주는 것보다는 화분의 흙을 2㎝ 정도 파 보아 속 까지 말랐을 때 주는 것이 바람직합니다. 대개는 흙이 마르고 다육식물의 아래쪽 잎이 주름져 있거나 만 져서 말랑하면 물주는 시기라고 보면 됩니다. 빛이 부족한 곳, 공중습도가 높은 장소 등에서는 물주기를 아껴야 합니다.

㉮ 봄·가을

봄·가을은 모든 다육식물의 생장기이므로 열흘에 한 번 정도씩 비교적 자주 줍니다. 그러나 이 또한 흙과 식물의 상태를 봐 가며 판단해야 합니다. 물을 주는 시각은 해가 떠오르는 아침이 좋습니다.

㉯ 여름

여름은 모든 다육식물에게 괴로운 계절입니다. 휴면에 들어간 겨울형과 춘추형 다육식물은 단수하거나 물을 대폭 줄여야 합니다. 여름에도 생장하는 다육식물의 경우에는 흙이 속까지 마르면 물을 줍니다. 그러 나 유형여하를 막론하고 공중습도가 높은 장마철에는 단수를 하고, 기온이 30℃ 이상 오르는 무더위가 계 속되는 때에는 물주는 횟수를 크게 줄여야 합니다. 여름철의 물주는 시각은 해가 진 저녁때가 적당합니다.

㉰ 겨울

겨울에는 종류여하를 막론하고 물주는 횟수를 줄여야 합니다. 특히 겨울에 휴면하는 종류는 물주기를 극 히 아끼거나 단수하는 것이 좋습니다. 겨울에도 생장을 계속하는 겨울형 다육식물의 경우에도 물주는 횟 수를 봄·가을의 절반 정도로 줄이고, 만약 추운 장소에 둔 경우라면 그마저도 주지 말아야 합니다. 겨울철 의 물주는 시각은 해가 높이 뜬 오전 11시 무렵이 좋습니다.

② 물주는 양

일단 물을 줄 때는 화분 아래로 물이 흘러나올 정도로 흠뻑 주는 것이 원칙입니다. 그러나 휴면기에는 평 소의 1/3 정도로 가볍게 주는 것이 좋습니다. 또 화분의 크기가 식물에 비해 클 때에는 양을 줄여 과습을 막아야 합니다. 과습이 오래가면 뿌리가 썩고 물러지게 됩니다.

③ 물주는 방법

식물에 주어도 되지만 로제트 종류의 경우에는 흙에 주는 것이 좋습니다. 식물에 직접 주는 경우, 로제트

저면관수

중앙에 물이 고여 곰팡이 병이 생길 수 있습니다. 또 햇빛이 강한 곳에서 식물에 직접 물을 주면 미처 마르지 않은 물방울이 빛을 모으는 렌즈 역할을 하여 잎이 탈 수도 있습니다. 백분이 있는 다육식물의 경우에도 물이 닿으면 잎의 백분이 쓸려 나가 외관이 나빠질 수 있으므로 넓은 그릇에 물을 담아 그 속에 화분의 아랫부분을 담그는 저면관수를 해 주는 것이 좋습니다. 물을 준 후에는 통풍이 잘 되게 하여 토양이 오랫동안 젖어 있지 않도록 합니다.

2) 장소 - 햇빛, 통풍, 온도 고려

웃자란 다육

식물을 두는 장소는 식물의 종류와 빛과 온도, 통풍, 습도 등을 고려하여 결정해야 합니다. 일반적으로 다육식물은 볕이 들고 통풍이 잘 되는 곳이 좋습니다. 빛이 부족하면 웃자라고 허약해지기 쉽습니다. 다만, 수, 옵튜샤, 자보, 십이지권, 옥선 등 하월시아 속이나 가스테리어 속처럼 햇볕을 그다지 좋아하지 않고 내음성이 강한 품종은 실내의 다소 그늘진 곳이 오히려 알맞은 장소입니다.

① 봄, 여름, 가을
대부분의 다육식물은 햇볕을 많이 받아야 건강하게 자라며 단풍도 예쁘게 듭니다. 따라서 실외의 햇볕이 잘 들고 통풍이 잘 되는 곳에 두는 것이 가장 좋습니다. 그러나 여름철 햇살이 지나치게 강한 한낮에는 화상을 입을 수 있으므로 차광을 해주거나 시원하고 밝은 그늘에 두도록 합니다. 비를 맞는 곳이나 습한 곳도 좋지 않습니다.
부득이 실내에서 관리해야 하는 경우라면, 햇볕이 잘 드는 창가나 베란다에 두어 최소한 하루 4시간 정도는 빛을 받도록 해 주는 것이 좋습니다. 또 실내에서는 통풍이 쉽지 않으므로 병충해가 생기기 쉽습니다. 따라서 때때로 창문을 열어 환기를 시켜 주는 것이 필요합니다.

② 겨울
겨울에는 어떤 종류의 다육식물이든 가급적 실내로 들여 얼어 죽지 않도록 해야 합니다. 실내 온도는 최소한 5℃ 이상을 유지하는 것이 좋으며 가급적 10℃ 이상의 온도에 두어 안전하게 관리하는 것이 좋습니다. 실내에서 최적의 장소는 햇빛이 들어오고 통풍이 쉬운 베란다나 창가입니다. 그러나 추운 날에는 베란다도 영하로 떨어질 수 있으므로 이 때에는 보온 덮개를 하거나 거실과 연결된 쪽의 문을 조금 열어둔다

든지 하여 동사하지 않도록 주의합니다. 날씨가 포근한 날에는 실외로 옮겨 햇빛과 맑은 공기를 쐬게 해 주면 웃자람과 병충해 예방에 도움이 됩니다.

3) 토양

다육식물을 위한 토양은 다른 식물과는 달리 특히 물빠짐이 좋아야 합니다. 배수성이 나쁘면 다육식물이 물러지는 주요 원인이 됩니다. 또 여느 식물 용토와 마찬가지로 흡수성과 보비력이 있어야 식물이 생장할 수 있고 병충해로부터 강해질 수 있습니다. 화분에 키우는 경우, 다육식물 배합토는 보통 마사토와 상토를 8:2~5:5 정도로 배합하여 만듭니다. 이때 시판 상토를 사용하지 않고 버미큘라이트, 제올라이트, 훈탄, 피트모스, 마사토 등을 각기 따로 구입하여 배합토를 만들어도 됩니다. 직접 만드는 것이 번거로운 경우, 시판하는 다육식물 전용토를 사용하면 편리합니다.

표2 다육용 배합토에 사용되는 흙

마사토 배수성이 좋은 토양으로 붙어있는 진흙을 잘 씻어 내고 말려서 사용

상토 마사토나 인공용토와 섞어 사용

버미큘라이트 가벼운 무기질 인공토양으로 통기성, 보수성, 보비력이 뛰어나 배합용토 혼합용 및 파종용토로 사용

제올라이트 통기성, 흡습성, 보비력이 우수하며 전체 배합토의 10% 정도 섞어 사용

훈탄 왕겨 등을 단화시킨 다공실 토양으로 보수성, 통기성, 배수성이 우수

피트모스 이끼류 등이 탄화 퇴적된 산성 토양으로 통기성, 보수성, 보비성 우수.
배합용토 혼합용

4) 용기

다육식물을 화분에 키울 때에는 식물과 비슷하거나 식물보다 조금 작아 보이는 사이즈가 어울립니다. 화분이 지나치게 크면 볼품도 없고 관수 후 습한 상태가 길어져 식물의 생육에 지장을 줍니다. 용기의 재질은 토분과 같이 다공질 재료로 이루어져 통기성이 우수한 것이 좋습니다. 형태는 굽이 달린 것이 배수에 유리합니다.

5) 분갈이

식물이 많이 성장하였거나 자구를 늘려 화분이 작게 느껴질 때는 분갈이를 해 주어야 합니다. 다육식물의 분갈이는 보통 2~3년에 한 번씩 하는 것이 바람직합니다. 계절적으로는 봄·가을이 좋으며, 유형별로는 춘추형 다육식물은 봄이나 가을, 여름형은 봄에, 겨울형은 가을에 해 주는 것이 좋습니다. 습한 장마철과 무더운 한여름, 추운 겨울에는 피하도록 합니다. 정기적으로 분갈이를 하면 영양분 공급은 물론 뿌리의 이상이나 해충 유무도 알 수 있어 다육식물을 건강하게 키우는 데 도움이 됩니다. 분갈이 시점은 화분의 흙이 완전히 말랐을 때입니다.

① 분갈이 순서

1. 화분을 톡톡 두들겨 내용물을 통째로 빼어냅니다.
2. 식물이 다치지 않도록 조심하면서 흙에서 다육식물을 분리합니다.
3. 얽힌 뿌리나 잔뿌리를 잘라내어 전체 뿌리의 50~30%만 남기고 말라붙은 잎도 떼어 냅니다.
   뿌리를 많이 잘라낸 경우 그늘에 2~3일 정도 둡니다.
4. 준비한 화분의 배수구 위에 망을 걸치고 미리 씻어서 말려놓은 굵은 마사를 깔아 줍니다.

5. 그 위에 배합토를 화분의 절반 정도 채우고 핀셋을 이용하여 배합토에 구멍을 내고
   뽑아 놓은 다육식물을 심습니다.
6. 다육식물이 움직이지 않도록 흙을 더 채우고 꾹꾹 눌러 준 다음 그 위에 씻은 마사 등을 얹습니다.
7. 일주일에서 열흘 정도 지난 후 물을 줍니다.

6) 병해충 방제

① 다육식물 병해충

실외에서 자라는 다육식물은 밝은 빛과 신선한 공기로 병해충에 대한 저항력이 강한 편입니다. 그러나 실내에서 키우거나 연약하게 웃자란 다육식물은 병해충에 약합니다. 다육식물에 해를 끼치는 것으로는 진딧물, 깍지벌레, 솜깍지벌레, 응애, 민달팽이 등의 해충과 박테리아, 바이러스 등이 있습니다. 통풍이 되지 않는 고온 다습한 환경에서는 세균과 곰팡이, 깍지벌레 등이 생기기 쉬우며 그러한 환경에서 물까지 자주 주면 무름병에 걸리기 쉽습니다.

② 방제

병해충을 막기 위해서는 다육식물이 좋아하는 환경 조건을 갖추어 주도록 합니다. 그러나 아무리 주의해도 병해충은 올 수 있으므로 평소 꼼꼼하게 관찰하여 조기에 발견하고 바로 대처하는 것이 중요합니다.

일단 해충이 발견되면 손으로 잡아 없애거나 시판하는 살충제를 뿌려 줍니다. 진딧물은 발견 즉시 휴지 등을 이용하여 훑듯이 눌러 잡아주고, 깍지벌레는 일일이 손으로 잡거나 시판 살충제를 3~4일 간격으로 3회 정도 뿌리고 분갈이를 해 줍니다. 탄저병 같은 병해는 세균이 원인이므로 발견 즉시 식물전체와 흙, 화분에까지 살균제를 뿌려 줍니다. 그러나 바이러스로 인한 병해는 치료법이 없으므로 곧바로 제거하여 주변 화분으로 전염되는 것을 막아야 합니다. 토양에도 해충의 알이나 균이 들어 있을 수 있으므로 사용 전에 볶거나 살균제를 사용하여 위생처리를 해 주는 것이 좋고, 화분에 떨어진 잎은 세균의 온상이 될 수 있으므로 보이는 대로 제거해 줍니다.

7) 영양 공급

다육식물은 대부분 가혹한 환경에 적응하여 살아남은 것이기 때문에 비료를 많이 주지 않아도 건강하게 자라는 편입니다. 더욱이 배양토에 영양분이 충분하다면 웃거름을 줄 필요가 없습니다. 하지만 식물이 부실하거나 좀 더 풍성하게 키우고 싶은 때에는 성장기인 봄이나 가을에 1~2회 정도 물을 줄 때마다 조금씩 녹아서 흡수될 수 있는 고형비료를 화분 속에 넣어주거나 물에 액비를 타서 2주에 한 번 정도 뿌려 주면 좋습니다.

8) 번식

다육식물을 키우면서 그 수를 늘려가는 것은 다육식물 키우기에서 또 다른 즐거움입니다. 늘려 가는 방법으로는 꺾꽂이, 잎꽂이, 포기나누기, 씨앗심기 등이 있습니다.

① 잎꽂이

잎을 떼어내어 흙 위에 얹어 두는 방법입니다. 잎을 흙 위에 얹어 놓고 그대로 두면 한 달 정도 지나 잎에서 뿌리와 새순이 나옵니다. 꽃대가 난 경우 꽃대의 잎을 이용해도 됩니다. 잎꽂이는 한여름과 한겨울은 피

표3 잎꽂이에 적합한 종류

유통명	학명	유통명	학명
홍옥	*Sedum rubrotinctum*	멘도사	*Graptopetalum* 'Mendozae'
프리티	*Graptosedum* 'Bronze'	미리내	*Graptopetalum* 'Mirinae'
연봉	*Graptoveria* 'Albert Baynes'	마커스	*Sedeveria* 'Maialen'
샴페인	*Echeveria* 'Champagne'	리틀 뷰티	*Sedum* 'Little Beauty'
성미인	*Pachyphtum oviferum*	용월	*Graptopetalum paraguayense*

하고 봄, 가을에 해주면 성공률이 높습니다. 잎이 잘 떨어지는 종류가 적합합니다.

1. 잎꽂이 할 다육식물(프리티)을 준비합니다.
2. 잎을 줄기에서 떼어냅니다.
   생장점이 잘리지 않도록 잎을 좌우로 조심스럽게 흔들어서 밑동까지 떼어 냅니다.
   가급적 통통하고 건강한 잎이 좋습니다.
3. 떼어낸 잎을 마른 흙 위에 올려놓습니다.
   용기에 배양토를 담고 그 위에 잎을 올려놓습니다.
   흙의 깊이는 상관없으며, 두는 곳은 직사광선이 들지 않는 밝은 그늘입니다.
   뿌리가 나올 때까지는 잎이 흙에 파묻히지 않도록 하고 물을 주지 않아야 합니다.
4. 뿌리가 나오면 흙을 조심스럽게 덮어주고 새순이 올라오면 물을 줍니다.
   새순은 모체보다 물을 좀 더 자주 주고 햇빛도 보여 줍니다.

② 꺾꽂이(적심, 분지)
성장한 줄기나 가지, 꽃대를 잘라 심어 뿌리가 내리도록 하는 방법으로 줄기꽂이라고도 합니다. 성장한 다육 줄기의 윗부분을 잘라 심는 적심과 곁가지를 잘라 심는 분지가 있습니다. 꺾꽂이는 기온이 다소 높아야 뿌리가 잘 내리므로 봄에 해 주는 것이 제일 좋습니다. 남은 모체에서도 새 순이 나옵니다. 잎꽂이보다 성공률이 높습니다.

표4 줄기꽂이에 적합한 다육

유통명	학명	유통명	학명
크리슐라 속	*Crassula*	흑법사	*Aeonium arboreum* `Zwartkop`
세덤 속	*Sedum*	상조	*Pachyveria* `Exotica`
라울	*Sedum* `Clavatum`	덴섬	*Trichodiadema densum*
부영	*Echeveria* `Pulv-oliver`	에케베리아 속 중 잎이 넓은 프릴 종류	*Echeveria*
까라솔	*Aeonium haworthii* `Variegata`		

1. 줄기나 가지, 꽃대를 자릅니다.

　웃자라는 가지, 꽃대와 같은 줄기를 잘라 아랫부분의 잎은 떼어냅니다.

2. 그늘진 곳에 둡니다.

　통풍이 잘 되는 밝은 그늘에 두어 자른 부분이 마르고 뿌리가 나오기를 기다립니다.

　빈 유리병이나 컵에 꽂아 두면 형태가 굽지 않습니다.

3. 흙에 심습니다. 며칠에서 한 달 정도 지나면 뿌리가 나옵니다. 이때 화분에 심고 물을 줍니다.

　서서히 햇빛을 보게 해 줍니다.

　한편 본체의 잘라낸 곳에서도 싹이 나오게 됩니다.

분지

적심

③ 포기나누기(자구 번식)

모체 옆에 붙어 뿌리가 난 새순이나 새순이 자라 덩어리져 있는 여러 개 중 몇 개를 분리하여 다른 곳에 심어 번식시키는 방법입니다. 포기나누기는 대개 분갈이와 같이 합니다. 잎꽂이나 씨앗번식이 어려운 경우, 포기나누기 방법이 많이 이용됩니다.

1. 화분에서 꺼냅니다.

모체와 새순이 엉켜 있는 경우에는 다육들을 화분에서 모두 꺼냅니다.

2. 포기를 나눕니다.

엉킨 뿌리를 풀고 새순을 분리합니다. 뿌리가 가늘거나 긴 것은 제거하여 정리를 해 줍니다.

3. 마른 흙에 심습니다.

분리한 새순을 뿌리가 마르기 전에 다른 화분에 바로 심어 줍니다. 뿌리가 상처를 입었을 수도 있으므로 물은 일주일 정도 지난 후에 줍니다.

④ 씨앗 번식(실생)

실생은 주로 다육식물을 많이 다루어 본 경험자가 번식시키는 방법입니다.

고운 모래와 버미큘라이트 같이 입자가 곱고 배수성이 좋은 토양을 섞어 배양토를 만든 다음 그 위에 씨앗을 뿌립니다. 이후 저면관수하거나 매일 물을 뿌려 표면이 마르지 않도록 해 주면 보통 6, 7일 후에 발아하여 싹이 올라옵니다. 50% 정도가 발아 되면 통풍이 되고 강하지 않은 빛이 들어오는 곳으로 옮겨 놓습니다. 잎이 4장 정도씩 나오면 각각 화분에 옮겨 줍니다. 발아 장소는 너무 춥거나 더운 곳, 직사광선이 비치는 곳은 피하고 그늘진 곳이 적당하며, 온도는 23~27℃ 내외가 적절합니다. 씨앗 번식도 봄에 하는 것이 가장 좋습니다.

(2) 종류별 관리

① 에케베리아(*Echeveria*) 속, 돌나물과

| 부영 | 정야 | 펀퀸 | 칸칸 | 라우이린제 | 룬데리 |

장미꽃 모양의 로제트 형태로 종류가 무척 많으며, 백분으로 덮여있는 것도 있고 프릴이 있는 대형종도 있습니다. 여름형, 겨울형으로 구분되나 애매한 부분이 있으며 관리상의 차이도 크지 않아 모두 춘추형 범주에 넣기도 합니다. 빛이 좋고 통풍이 잘 되는 장소에서 키우고 여름철의 강한 햇빛은 차광하는 것이 좋습니다. 여름형은 추위에 약하므로 겨울에는 볕이 드는 실내에서 관리하고, 겨울형은 비교적 추위에 강한 편이나 역시 실내에서 관리하는 것이 안전합니다.

● 원산지: 중앙아메리카, 멕시코

● 휴면기: 겨울 혹은 여름

● 물: 건조하게 관리합니다. 흙이 마르고 아래 잎이 쭈글쭈글해지면 물을 줍니다. 봄·가을에는 흙이 마르면 물을 듬뿍 줍니다(7일~10일 간격). 고온 다습한 여름에는 물주는 횟수를 많이 줄입니다. 겨울에는 겨울형, 여름형 모두 거의 단수합니다.

● 월동온도: 여름형은 5℃ 이상, 겨울형은 비교적 추위에 강한 편이지만 3℃ 이상에 두는 것이 안전합니다.

● 번식: 포기나누기, 꺾꽂이, 잎꽂이, 씨앗뿌리기

● 병해충: 과습 시 뿌리썩음병, 진딧물

● 종류

유통명	학명	특징
금황성	*Echeveria pulvinata* ‘Ruby’	여름형
부영	*Echeveria* ‘Pulv-oliver’	프릴 종류가 많다.
정야	*Echeveria derenbergii*	추위에 약하므로 5℃ 이상에서 월동
런요니	*Echeveria Runyonii*	
펀퀸(은무원)	*Echeveria* ‘Fun Queen’	
홍공작	*Echeveria* ‘Takasago no Okina’	
메르디앙(여왕화립)	*Echeveria* ‘Meridian’	
핑크 레이디	*Echeveria* ‘Pink Lady’	
칸칸	*Echeveria cancan*	

라우이	*Echeveria laui*	겨울형
라우이린제	*Echeveria lauilindsayana*	백분 종류나 털 있는 종류가 많다.
메비나(여추)	*Echeveria* `Mebina`	
세토사	*Echeveria setosa*	
룬데리	*Echeveria setosa* `Rondellii`	

② 에오니움(*Aeonium*) 속, 돌나물과

흑법사

소인제

에오니움은 대부분 수목 형태로 위로 뻗으며 자라고, 잎이 줄기 끝에 우산처럼 방사상으로 퍼지며 납니다. 뿌리가 발달하므로 깊은 용기를 쓰는 것이 좋습니다. 무더위와 추위, 비 모두 좋지 않습니다. 여름에는 통풍이 잘되고 밝은 그늘에 두고 직사광선을 받지 않도록 해 줍니다. 겨울형이면서도 추위에는 약하므로 겨울에는 빛이 들어오는 실내에서 관리합니다. 잎이 약해 상처 나기도 쉬우므로 주의해서 다룹니다.

- 원산지: 카나리아제도, 스페인 등
- 휴면기: 여름(5~9월)
- 물: 봄과 가을에는 흙이 마르면 주고 여름과 겨울에는 월 1회 정도로 주는 횟수를 줄입니다.
- 월동온도: 5℃ 이상
- 토양: 배수성이 좋아야 하고 양분은 보통 정도로 넣어 줍니다.
- 번식: 포기나누기, 줄기꽂이를 가을에 하면 뿌리가 잘 내립니다.
- 종류

유통명	학명	특징
애염금(애연금,청패희,유접곡)	*Aeonium* `Castello-Paivael`	뿌리 발달. 나무 형태
흑법사	*Aeonium arboreum* `Zwartkop`	무더위, 추위에 취약. 상처 조심
썬버스트	*Aeonium urbicum* `Variegatum`	
까라솔(일월금)	*Aeonium haworthii* `Variegata`	
아놀디	*Aeonium arnoldii*	
소인제	*Aeonium sedifolium*	

③ 머셈류(*Conophytum*) 속 등, 석류풀과

축전   리톱스   오십령옥

특이한 형태에 화려한 꽃이 피는 리톱스 등의 머셈류는 가을부터 봄까지 생장하는 겨울형입니다. 생장기에는 햇볕이 들고 통풍이 잘 되는 곳에서 관리하고 휴면기인 여름철에는 통풍이 잘 되는 곳에서 최대한 시원하게 여름을 날 수 있도록 해 줍니다. 실내에서도 웃자라지 않습니다.

● 원산지: 남아프리카, 나미비아 등
● 휴면기: 여름
● 물: 봄·가을에는 흙이 바짝 마르면 주고, 겨울에는 봄·가을보다 주는 횟수를 줄입니다. 장마철과 여름철에는 완전 단수가 바람직하며, 물을 주는 경우에도 한 달에 한두 번 정도 저녁시간을 택해 다음날 오전까지는 흙이 마를 수 있을 정도로 가볍게 줍니다.
● 월동온도: 0~3℃ 이상
● 비료: 분갈이 때 밑거름 정도로 충분
● 번식: 씨앗심기, 포기나누기
● 종류

속	종류(예)	특징
코노피튬 *Conophytum* 리톱스 *Lithops* 라피다리아 *Lapidaria* 기바에움 *Gibbaeum* 페네스트라리아 *Fenestraria* 프리티아 *Frithia*	축전 *Conophytum minutum* 리톱스 도로시 *Lithops dorotheae* 마옥 *Lapidaria margaretae* 추금옥 *Gibbaeum petrense* 오십령옥 *Fenestraria aurantiaca* 광옥 *Frithia pulchra*	여름 휴면 시원한 환경을 좋아함

④ 세덤(*Sedum*) 속, 돌나물과

청옥   홍옥   명월

세덤 속 다육식물은 로제트가 작고 군생을 잘 이룹니다. 춘추형 다육으로 봄·가을에만 생장하는 종류가 있고 사계절 자라는 것도 있습니다. 햇빛이 부족하면 쉽게 웃자랍니다. 여름철에는 고온 다습과 뜨거운 열기, 직사광선을 힘들어하므로 밝은 그늘에서 통풍이 잘 되도록 해 주고, 백분이 있는 것과 금변이종은 특히 강광에 약하므로 주의해야 합니다. 봄·가을에는 볕이 좋은 양지에서 관리하고 겨울에는 추위에 강해 옥외 월동도 가능하지만 청옥, 홍옥, 오로라 등 일부 종류는 그렇지 않으므로 따뜻한 실내로 들입니다.

- 원산지: 대부분 멕시코
- 휴면기: 여름, 겨울(사계절 생장 춘추형 제외)
- 물: 건조에 강하므로 물을 아껴 관리합니다. 봄·가을에는 흙이 마르면 충분히 주고 여름과 겨울에는 물을 줄입니다.
- 월동온도: 5℃ 이상
- 번식 : 포기나누기, 잎꽂이, 줄기꽂이. 봄이 최적기
- 분갈이: 연 1회 정도. 봄이나 가을이 적기
- 병해충 : 홍옥, 오로라, 백설세덤 등은 고온 다습한 환경에서는 무름병이 발생하기 쉽고, 구슬얽이는 비를 맞거나 잎 사이에 물이 고이면 곰팡이병이 발생할 수 있으므로 주의합니다.
- 종류

유통명	학명	특징
구슬얽이	*Sedum morganianum*	봄·가을 생장 춘추형
명월	*Sedum adolphi*	특히 고온 다습한 여름을 힘들어 함
홍옥	*Sedum Rubrotinctum* `Redberry`	
오로라	*Sedum rubrotinctum* `Aurora`	
청옥	*Sedum burrito*	
라울(클라바툼)	*Sedum* `Clavatum`	
힌토니	*Sedum hintonii/Sedum monacinium*	사계절 생장 춘추형
스와베오렌스	*Sedum suaveolens*	대체로 여름 기후에 잘 적응하나
백설세덤(은설)	*Sedum spathulifolium* `Cape Blanco`	은설은 고온 다습에 약하므로 주의

⑤ 두들레야(*Dudleya*) 속, 돌나물과

하세이

두들레야는 대부분 하얀 백분으로 덮여 있으며, 잎꽂이가 되지 않고 뿌리 내림이 더딥니다. 늦가을부터 봄까지 생장하는 전형적인 겨울형으로 생장기에는 햇볕이 잘 들고 통풍이 잘 되는 곳에서 관리하고 여름철에는 시원한 곳에 둡니다.

- 원산지: 미국 캘리포니아, 멕시코
- 휴면기: 여름
- 물: 생장기에는 흙이 완전히 마르면 물을 충분히 줍니다. 백분에 물이 묻지 않도록 조심합니다. 여름철에는 단수하거나 월 1회 정도로 물주는 횟수를 대폭 줄입니다.
- 월동온도 : 0℃ 이상
- 번식: 씨앗심기, 분리삽목. 잎꽂이가 되지 않습니다.
- 종류

유통명	학명	특징
화이트그리니(노마)	*Dudleya gnoma*	겨울형
브루토니(선녀배)	*Dudleya brittonii*	물줄 때 백분 조심
파리노사(화리노사)	*Dudleya farinosa*	잎꽂이 안됨
하세이	*Dudleya hassei*	
에듈리스	*Dudleya edulis*	

⑥ 크라슐라(*Crassula*) 속, 돌나물과

| 염자 | 우주목 | 성왕자 | 희성 | 로게르시 | 천탑 |

잎이 얇고 줄기가 위로 성장하며, 나무모양의 형태를 이루는 것이 많습니다. 여름형, 겨울형이 혼재하며 이 가운데는 춘추형에 가까운 것도 있습니다. 빛이 좋고 통풍이 잘 되는 곳을 좋아합니다. 하지만 한여름에는 화상의 우려가 있으므로 직사광선을 피하고 밝은 그늘에서 키웁니다. 습기에 약하며 특히 소형종은 비에 오래 노출시키면 좋지 않습니다. 여름형의 경우 추위에 약하므로 10℃ 이상의 온도에 두는 것이 좋으며, 겨울형은 비교적 추위에 강하지만 이 역시 실내로 들이는 것이 안전합니다.

- 원산지: 대부분 남아프리카
- 휴면기: 겨울 혹은 여름

- 물: 겨울형은 봄·가을에는 흙이 마르면 물을 충분히 주고, 여름과 겨울에는 물주기를 대폭 줄입니다. 여름형은 생장기에는 흙이 마르면 물을 주고, 휴면기인 추운 겨울에는 단수합니다.
- 월동온도: 여름형 5℃ 이상, 겨울형은 0℃ 내외
- 번식: 잎꽂이, 줄기꽂이, 포기나누기
- 병해충: 깍지벌레, 흰솜깍지벌레 등. 탑 모양으로 자라는 종류는 비를 맞거나 잎 사이에 물이 고이면 곰팡이병이 발생할 수 있으므로 주의를 요합니다.
- 종류

유통명	학명	특징
염자(염좌, 화월)	*Crassula ovata*	춘추형에 가까운 여름형
신도	*Crassula falcata* 'Wendland'	추위에 약하고 겨울에 단수함
화제	*Crassula capitella* 'Campfire'	
우주목(골룸)	*Crassula ovata* 'Gollum'	
옥치아	*Crassula arta*	옥치아는 겨울형
성왕자(성을녀)	*Crassula perforata* 'Thunb'	나머지는 춘추형에 가까운 겨울형
무을녀	*Crassula rupestris subsp. marnieriana*	여름·겨울에는 물을 대폭 줄임
도성	*Crassula mesembrianthemopsis*	
부다템플	*Crassula* 'Buddha's Temple'	
기천	*Crassula* 'Moonglow'	
희성	*Crassula rupestris* 'Tom thumb'	
치아자(유아자태)	*Crassula deceptor*	
다비드(화춘)	*Crassula* 'David'	

⑦ 칼랑코에(*Kalanchoe*) 속, 돌나물과

호접무

월토이

대부분 여름형에 속하며 일부 겨울형도 있습니다. 봄부터 여름에는 통풍이 잘 되는 양지에서 관리하고, 한여름의 경우 화상을 입지 않도록 직사광선을 피하여 밝은 그늘에 둡니다. 고온 다습에 약하므로 특히 여름철 통풍에 주의합니다. 추위에 약하므로 늦가을부터 겨울에는 햇빛이 들어오는 실내에서 관리하고 10℃ 이상을 유지해 주는 것이 안전합니다.
- 원산지: 마다가스카르

- 휴면기: 대부분 겨울
- 물 : 건조하게 관리합니다. 생장기(대략 5월~9월)에는 흙 표면이 마르면 충분히 물을 줍니다. 겨울에는 흙이 속까지 마르고 2~3일 지나서 물을 줍니다.
- 월동온도: 5℃ 이상. 생육적온 15~20℃
- 번식: 포기나누기, 줄기꽂이
- 병해충: 진딧물, 회색곰팡이병
- 종류

유통명	학명	특징
금접	*Kalanchoe tubiflora*	여름형으로 고온 다습
당인	*Kalanchoe luciae*	추위에 약함
월토이	*kalanchoe tomentosa*	
흑토이	*Kalanchoe tomentosa* `Chocolate Soldier`	
호접무	*Kalanchoe fedtschenkoi*	
백은무	*Kalanchoe pumila*	겨울형이지만 여름에도 잘 적응

⑧ 코틸레돈(*Cotyledon*) 속, 돌나물과

웅동자　　　펜덴스　　　방울복랑　　　은파금

잎에 백분이 있는 것이 많으며 겨울형과 여름형이 혼재합니다.

밝은 그늘에서도 잘 자라지만 실외나 실내의 창가 등 가급적 양지에 두는 것이 좋습니다. 일조량이 부족하면 웃자라기 쉽습니다. 겨울형 코틸레돈은 가을부터 봄까지 자라고 여름에는 잎이 떨어지며, 여름형 코틸레돈 속 종류는 사철 같은 색입니다. 고온 다습한 환경을 무척 싫어하므로 특히 여름철에는 통풍에 유의하고 비를 맞지 않도록 합니다. 한여름의 직사광선도 피하도록 합니다. 겨울형은 비교적 추위에 강하여 가벼운 서리 정도는 견딜 수 있으나 여름형은 추위에 약한 편이므로 겨울에는 햇빛이 비치는 실내에 두고 환기에 유의합니다. 잎에 독성이 있으므로 어린이나 애완동물이 닿지 않는 곳에 두도록 합니다. 꽃 감상이 목적이 아닌 경우 꽃대가 올라오면 제거해 주는 것이 본체 성장에 유리합니다.

- 원산지: 남아프리카, 아라비아반도
- 휴면기: 겨울 또는 여름

- 물: 물을 아껴 건조하게 관리해야 합니다. 백분이 있는 종류는 물이 잎에 닿지 않도록 저면 관수합니다. 겨울형은 봄·가을에는 흙이 마르면 충분히 물을 주고 여름과 겨울에는 거의 단수합니다. 여름형은 봄부터 가을까지 생장기에는 흙이 완전히 마르면 물을 충분히 주고 겨울에는 거의 단수합니다.
- 월동온도: 0~5℃ 이상
- 번식: 겨울형은 줄기꽂이, 여름형은 잎끝을 잘라 심거나 줄기꽂이 합니다.
- 분갈이 : 봄, 가을
- 병해충: 진딧물, 깍지벌레, 민달팽이
- 종류

유통명	학명	특징
웅동자 복랑 방울복랑 펜덴스	*Cotyledon tomentosa* subsp. *ladismithiensis* *Cotyledon orbiculata* var. *oophylla* *Cotyledon orbiculata* var. *oophylla* cv. *Cotyledon pendens*	겨울형 여름에 낙엽이 짐 통풍 주의 여름·겨울 거의 단수
은파금 프릴은파금 홍복륜	*Cotyledon orbiculata* *Cotyledon orbiculata* `Undulata` *Cotyledon orbiculata* `Macrantha`	여름형 상록, 백분 조심 추위 약함, 겨울 단수

⑨ 세네시오(*Senecio*) 속, 국화과

| 만보 | 은월 | 녹영 |

겨울형과 여름형이 혼재합니다. 여름형은 고온과 저온에 모두 취약해 춘추형에 가깝습니다. 빛과 통풍이 좋은 장소에서 건조하게 키웁니다. 여름철 직사광선과 비에 노출되지 않도록 합니다. 겨울에는 빛이 들어오는 실내에서 관리하고 특히 여름형은 10℃ 이상의 온도를 유지해 줍니다.

- 원산지: 남아프리카, 멕시코, 인도 등지
- 휴면기: 겨울 혹은 여름
- 물: 여름형, 겨울형 모두 생장기에는 흙이 마르면 물을 충분히 줍니다. 건조에 강하고 다습에 약하므로 물을 아껴 관리합니다. 그러나 완전 단수하면 시들어 버리기 때문에 휴면기에도 흙이 속까지 완전히 마르면 물을 주어야 합니다(월1~2회).

- 월동온도: 3~5℃ 이상
- 번식: 포기나누기, 꺾꽂이. 봄이 적기
- 병해충: 깍지벌레, 진딧물
- 종류

유통명	학명	특징
만보 은월 미공모	*Senecio serpens* *Senecio haworthii* *Senecio antandroi*	겨울형 여름에도 시들지 않도록 적게나마 물주기
경동자(현월) 녹영(콩선인장, 취옥잠) 자월(루비네크리스) 칠보수	*Senecio herreanus* *Senecio rowleyanus* *Senecio* 'Ruby necklace' *Senecio articulatus*	여름형이지만 고온 저온에 모두 약해 춘추형에 가까움 완전 단수하면 시들므로 겨울에도 적게나마 물주기

⑩ 카랄루마(*Caralluma*) 속, 박주가리과

흑룡각

여름형 다육으로 봄부터 초가을까지 생장하며 휴면기가 긴 편입니다.
밝은 그늘을 좋아하며 다습을 싫어합니다.

- 원산지: 남아프리카
- 휴면기: 겨울(10월~2월)
- 물: 흙이 바짝 마르면 물을 주고 건조하게 관리합니다. 휴면기에는 거의 단수합니다.
- 토양: 배수성이 좋은 흙을 사용합니다.
- 월동온도: 5℃ 이상
- 종류

유통명	학명	특징
흑룡각	*Caralluma melantha*	휴면기가 긴 편, 밝은 그늘에 둠, 겨울철 거의 단수

⑪ 유포르비아(*Euphorbia*) 속, 대극과

홍기린

희기린

여름형으로 통풍이 잘 되는 양지에서 키우고 추위에 약하므로 겨울에는 실내로 들여 5~10℃ 이상의 온도를 유지해 줍니다.

● 원산지 : 아프리카, 마다가스카르 ,아라비아반도, 카나리아제도
● 휴면기 : 겨울
● 물 : 건조하게 관리하며 꽃기린은 겨울철에도 물주기가 필요하지만 만청옥과 같이 구(球) 형태인 것과 잎이 없는 대정기린, 홍기린 등은 겨울철에 완전 단수 상태로 관리하거나 물을 최대한 줄여야 합니다.
● 월동온도 : 3~5℃ 이상
● 번식 : 포기나누기, 줄기꽂이, 파종
● 분갈이 : 봄·가을
● 병해충 : 과습 시 뿌리썩음병, 민달팽이
● 종류

유통명	학명	특징
꽃기린	*Euphorbia milii* var. *splendens*	겨울 휴면
대정기린	*Euphorbia echinus*	추위에 약한 편
홍기린	*Euphorbia aggregata*	
만청옥	*Euphorbia meloformis*	
희기린	*Euphorbia submammillaris*	

⑫ 산세베리아(*Sansevieria*) 속, 용설란과

스투키

전형적인 여름형 다육으로 봄부터 가을까지 성장이 왕성합니다. 건조에 강하며 햇볕을 좋아합니다. 그러나 직사광선은 피하는 것이 좋습니다. 저온에 아주 약하므로 겨울철에는 실내로 들이고 보온을 해 주어야 합니다.

- 원산지: 아프리카
- 휴면기: 겨울
- 물: 흙이 마르면 물을 줍니다. 겨울에는 단수하는 것이 좋습니다.
- 월동온도 : 5℃ 이상. 만약 겨울에도 물주기를 할 경우에는 15℃ 이상의 온도 유지
- 번식: 잎꽂이, 포기나누기
- 병해충: 과습 시 뿌리썩음병, 응애
- 종류

유통명	학명	특징
스투키	*Sansevieria stuckyi*	여름형. 직사광선 피함. 추위 약함.
산세베리아 수퍼바	*Sansevieria trifasciata* var. 'Superba'	겨울 단수
산세베리아 하니	*Sansevieria trifasciata* var. 'Hahnii'	

⑬ 알로에(*Aloe*) 속, 백합과(알로에과)

천대전금

여름형이지만 추위뿐만 아니라 고온 다습한 환경에도 약해 춘추형으로 분류되기도 합니다. 봄부터 가을까지는 통풍이 잘 되는 양지에서 키웁니다. 다만, 강한 직사광선에는 화상을 입기 쉬우므로 한여름에는 통풍이 잘 되는 반그늘에서 키웁니다. 겨울에는 가급적 실내로 들입니다.

- 휴면기: 겨울
- 물: 봄부터 가을까지는 흙이 마르면 주고, 장마철에는 단수합니다. 겨울에는 속흙까지 완전히 마르고 며칠 지난 후에 줍니다(월1~2회).
- 월동온도 : 5℃ 이상
- 번식: 자구 번식, 줄기꽂이
- 분갈이: 2년마다 4~6월경에 해줍니다.

- 병해충: 여름철 고온 다습한 환경에서 뿌리썩음병, 무름병이 생기기 쉽습니다. 깍지벌레, 진딧물 등
- 종류

유통명	학명	특징
능금(레이스 알로에) 불야성 천대전금	*Aloe aristata* *Aloe mitriformis* Mill *Aloe variegata*	춘추형에 가까운 여름형 천대전금은 상록, 추위 약함

⑭ 포툴라카리아(*Portulacaria*) 속, 디디에레과

아악무

여름형 다육으로 더위에는 강하지만 추위에는 약합니다. 봄부터 가을까지 생장기에는 통풍이 잘 되는 양지에 둡니다. 다만, 한여름 실외에서는 차양을 해 주거나 밝은 그늘에 둡니다. 햇빛이 부족하면 잎이 떨어집니다. 서리를 맞으면 시들기 때문에 늦가을부터 실내로 들이는 것이 좋습니다.

- 원산지 : 남아프리카, 북미
- 휴면기: 겨울
- 물: 봄·가을에는 흙이 마르면 충분히 줍니다(일주일에 1회 정도). 장마철에는 단수하고 여름철에는 물주는 횟수를 줄입니다. 겨울에는 월 1회 정도로 거의 단수합니다.
- 월동온도: 5℃ 이상
- 병해충: 여름 고온건조기 응애, 깍지벌레
- 번식: 줄기꽂이, 봄·가을이 적기
- 종류

유통명	학명	특징
은행목 아악무	*Portulacaria afra* *Portulacaria afra* `Variegata`	여름형 은행목은 수형으로 위로 자라지만 아악무는 서지 못함, 겨울 거의 단수

⑮ 셈페르비붐(*Sempervivum*) 속, 돌나물과

오디티   바위솔   자지련화(子持蓮花)

봄·가을에 생장하는 춘추형 다육으로 예쁜 장미 모양의 잎이 특징적입니다. 셈페르비붐은 강한 직사광선과 고온 다습에 약하므로 여름에는 차광을 하거나 통풍이 잘 되는 반그늘에서 관리합니다. 특히 여름철 직사광선은 절대 피해야 합니다. 여타 계절에는 빛이 좋은 양지에서 키웁니다. 추위에는 무척 강하여 겨울에도 실외에서 키울 수 있습니다.

● 원산지: 유럽, 러시아, 아프리카 북서부

● 휴면기: 여름, 겨울

● 물: 봄·가을의 생장기에는 흙이 마르면 물을 듬뿍 줍니다. 여름과 겨울에는 아주 건조하게 관리하고 노지에서 월동할 때에는 단수합니다.

● 번식: 자구번식, 꺾꽂이, 씨앗뿌리기. 봄이 최적기. 꽃이 피는 경우 본체가 시들어 버리기 때문에 꽃이 피기 전에 포기나누기를 해 주어야 합니다.

● 병해충: 고온 다습하게 되면 깍지벌레가 생길 수 있습니다

● 종류

유통명	학명	특징
오디티	*Sempervivum* 'Oddity'	여름철 직사광선에 매우 약함,
거미줄바위솔(권견)	*Sempervivum arachnoideum*	추위에 강함, 봄·가을 생장
호랑이발톱바위솔(능견)	*Sempervivum* 'Bronco'	
청바위솔	*Sempervivum* 'Pekinese'	
까치바위솔	*Sempervivum* 'Calcoreum'	

* 한국, 일본 등지에서 자생하는 오로스타치스(*Orostachys*) 속의 바위솔, 연화바위솔, 자지련화 등도 셈페르비붐속과 비슷하게 추위에 무척 강한 다육입니다.

⑯ 파우카리아(*Faucaria*) 속, 석류풀과

노도황파   미파

잎이 이를 드러낸 동물의 입 모양을 닮은 파우카리아 속 다육식물은 꽃이 아름다운 소형 다육으로 주로 가을에 꽃이 피기 시작하여 몇 개월 동안 피어 있습니다. 겨울형으로 분류되지만 지나치게 덥거나 추우면 자라지 않습니다. 햇빛을 무척 좋아하므로 빛이 좋은 실외에서 기르는 것이 좋으며 실내에서는 베란다나 빛이 드는 창가가 좋습니다. 한여름 무더위와 습기에 약하므로 주의합니다.

● 원산지 : 남아프리카
● 휴면기 : 한여름, 한겨울
● 물 : 흙이 바짝 마른 후 물을 주는 것이 좋습니다. 여름과 겨울에는 아주 건조하게 관리합니다.
● 번식 : 포기나누기, 씨앗뿌리기
● 종류

유통명	학명	특징
사해파	*Faucaria tigrina*	햇빛을 매우 좋아함
노도황파	*Faucaria tuberculosa*	건조하게 관리
미파	*Faucaria bossebeama*	
광파	*Faucaria felina* ssp.	

⑰ 파키피텀(*Pachyphytum*) 속, 돌나물과

성미인   천대전송

춘추형 다육인 파키피텀 속 다육식물은 잎이 통통한 것이 특징이며 보통 미인류로 불립니다. 습기와 추위를 싫어하므로 햇볕이 좋고 통풍이 잘 되는 곳에서 관리합니다. 한여름에는 직사광선을 피하여 밝은 그늘에 두거나 차광을 해 줍니다. 추위에 약하기 때문에 겨울에는 실내로 들이고 볕이 드는 곳에서 관리합니다.

- 원산지: 멕시코
- 휴면기: 여름, 겨울
- 물: 봄·가을에는 속흙이 절반 정도 말랐을 때 충분히 물을 줍니다. 여름에는 물을 줄여 흙이 완전히 마르면 물을 주고 장마철에는 단수합니다. 겨울에는 여름보다 더 건조하게 관리합니다.
- 번식: 포기나누기, 꺾꽂이, 잎꽂이. 봄이나 가을이 적기
- 월동온도: 5℃ 이상
- 병해충: 깍지벌레, 민달팽이, 탄저병
- 종류

유통명	학명	특징
성미인	*Pachyphtum oviferum*	봄·가을 생장
청성미인	*Pachyphytum oviferum* `Sweet Candy`	습기와 추위에 매우 약함
홍미인(도미인)	*Pachyphytum oviferum* `Mobijin`	여름·겨울 물주기 대폭 줄임
월미인	*Pachyphytum oviferum* `Tsukibijin`	
군작	*Pachyphytum hookeri*	
천대전송	*Pachyphytum compactum*	
비리데	*Pachyphytum viride*	

⑱ 그랍토페탈룸(*Graptopetalum*) 속, 돌나물과

용월

엘렌(샌디고)

그랍토페탈룸 속은 꽃 같은 로제트 모양으로 자라면서 군생을 이룹니다. 고온 다습한 환경에 약하므로 통풍이 잘 되고 비를 피할 수 있는 반그늘이나 볕이 좋은 곳에 둡니다. 추위에는 강한 편이지만 가급적 겨울에는 햇빛이 들어오는 실내나 온실로 옮기는 것이 좋습니다.

- 원산지: 미국, 멕시코
- 휴면기: 여름, 겨울
- 물: 흙이 속까지 마르면 충분히 줍니다. 여름과 겨울에는 물주는 횟수를 줄입니다.
- 번식: 포기나누기, 줄기꽂이, 잎꽂이. 봄, 가을이 적기

- 월동온도: 0℃
- 병해충: 진딧물, 깍지벌레
- 종류

유통명	학명	특징
수퍼붐(펜타드럼)	*Graptopetalum* `Superbum`	봄·가을 생장
취미인	*Graptopetalum amethystinum*	고온 다습에 약함
용월	*Graptopetalum paraguayense*	여름·겨울 물주기 대폭 줄임
멘도사	*Graptopetalum mendozae*	
엘렌(샌디고)	*Graptopetalum* `Ellen`	
타키투스 벨루스	*Graptopetalum* `Bellum`	

⑲ 하월시아(*Haworthia*) 속, 백합과

| 십이지권 | 수 | 옵튜사 | 오층탑 |

전형적인 사계절 생장 춘추형 다육으로 계절에 따라 생장속도에 차이는 있으나 대체로 일 년 내내 성장합니다. 하월시아 속은 원래 바위 그늘에 서식하던 것으로 빛을 별로 좋아하지 않으므로 약간 밝은 그늘에서 키우는 것이 좋습니다. 직사광선이나 강한 빛에는 잎이 쪼그라들고 검게 탑니다. 추위에도 약하기 때문에 겨울에는 실내에 둡니다. 더위에는 강한 편입니다.

- 원산지: 남아프리카
- 물: 봄·가을에는 흙의 표면이 마르면 충분히 물을 주고 여름에는 물을 줄입니다. 한여름과 겨울에는 완전 단수합니다. 건조한 것을 좋아하지만 지나치게 수분이 부족하면 잎이 시들기 때문에 주의가 필요합니다. 잎 사이에 물이 고이면 곰팡이가 생길 수 있으므로 물은 흙에 주거나 저면관수 하는 것이 좋고, 과습 시 뿌리가 썩기 쉬우므로 배수가 잘 되는 흙으로 건조하게 관리해야 합니다.
- 월동온도: 5℃ 이상
- 번식: 자구번식
- 분갈이: 1~2년에 한 번씩 봄 혹은 가을
- 병해충: 깍지벌레
- 종류

유통명	학명	특징
십이지권	*Haworthia fasciata*	내음성이 좋아 실내에서 키우기 적
옵튜사	*Haworthia cymbiformis* var. *obtusa*	합
수	*Haworthia retusa*	연중 생장
유리전	*Haworthia limifolia* var. *striata*	
오층탑(백양궁)	*Haworthia* hyb. ˋMandaˊ	
옥선	*Haworthia truncata*	

⑳ 가스테리아(*Gasteria*) 속, 백합과

자보

봄·가을에만 생장하는 춘추형이며, 빛을 별로 좋아하지 않으므로 연중 밝은 그늘에서 키웁니다. 추위에
약하므로 겨울에도 10℃ 이상의 환경에 두는 것이 좋습니다.

● 원산지: 남아프리카, 마다가스카르, 지중해 연안과 카나리아제도

● 휴면기: 여름, 겨울

● 물: 봄·가을에는 흙이 마르면 충분히 줍니다. 여름에는 물을 줄이고 겨울에는 거의 단수합니다.

● 월동온도: 5℃ 이상

● 번식: 자구번식

● 종류

유통명	학명	특징
자보	*Gasteria pillansii* var. *ernsti-ruschii*	빛을 좋아하지 않음
미니호권(미니자보)	*Gasteria gracilis* var. *minima*	봄·가을 생장
공룡	*Gasteria pillansii*	겨울에는 거의 단수

㉑ 아드로미스쿠스(*Adromischus*) 속, 돌나물과

송충   천금장

봄·가을에 생장하는 춘추형으로 봄·가을에는 통풍이 잘 되는 양지에서 관리하고 여름에는 더위에 약하므로 통풍이 잘 되는 서늘한 곳에서 키웁니다. 고온 다습을 힘들어 합니다. 겨울에는 실내로 들입니다.

- 원산지: 아프리카 나미비아 등지
- 휴면기: 여름, 겨울
- 물: 성장기인 봄·가을에는 흙이 마르면 물을 듬뿍 줍니다. 여름과 겨울은 거의 단수합니다. 과습하면 물러서 죽으므로 건조하게 관리합니다.
- 월동온도: 3~4℃ 이상
- 번식: 줄기꽂이, 포기나누기, 잎꽂이
- 토양: 배수성이 좋은 흙, 척박해도 잘 자라는 편입니다.
- 분갈이: 봄 혹은 가을
- 병해충: 진딧물, 깍지벌레, 응애
- 종류

유통명	학명	특징
어소금	*Adromischus maculantus*	봄·가을 생장
금령전	*Adromischus cooperi*	여름·겨울 거의 단수
송충(천금성)	*Adromischus hemisphaericus*	
천금장	*Adromischus clavifolius*	

㉒ 선인장과(*Cactus*)

마블선인장   백소정선인장   비모란

햇빛이 잘 들고 통풍이 잘 되는 곳에서 키웁니다. 선인장의 대부분은 겨울이 휴면기이며, 추위에 강한 것도 있지만 기본적으로 5℃ 이상 되어야 월동할 수 있습니다. 드물게 여름에 생장이 멈추는 겨울형도 있습니다.

- 물: 봄부터 가을까지는 흙이 마른 후 2~3일 지나 물을 주고, 겨울에는 단수 혹은 극히 소량만 주도록 합니다.
- 월동온도: 0~5℃ 이상
- 비료: 기본적으로는 필요 없지만 한여름을 제외하고 봄부터 가을까지 묽은 액비를 주는 것도 좋습니다.
- 번식: 포기나누기, 줄기꽂이, 몸체 절단(기둥 선인장)
- 병해충: 깍지벌레

㉓ 교배종들

에스더	핑크루비	프리티	상조
(*Echeveria* 'Esther')	(*Sedeveria* 'Pink Rubby')	(*Graptosedum* 'Vera Higgins')	(*Pachyveria* 'Exotica')

교배종의 종류는 수없이 많으며 앞으로도 계속 늘어날 수밖에 없습니다. 관상 가치가 있는 원예종을 탄생시키기 위해 일부러 교배시키는 경우뿐만 아니라 다양한 종류가 혼재하는 곳에서 발생되는 자연 교배종 또한 계속적으로 발생하기 때문입니다. 그러면 이들 교배종들은 생장형태에서 어떤 모습을 나타낼까요? 경험자들은 일단 키워보아야 한다고 말합니다. 하지만 우리는 어느 정도 추측을 통해 시행착오를 줄일 수 있습니다.

즉, 세데베리아처럼 부모가 춘추형 특성을 띠는 경우 교배종도 춘추형일 확률이 높습니다. 부모가 서로 다른 생육형태를 보이는 경우라면 부모 양자 어느 쪽이든 취약한 환경은 가급적 피하도록 하고 일반적인 관리법을 따르면 큰 무리 없이 관리할 수 있습니다.

Chapter 02

다육아트의 기본 지식과 기술

01 다육아트 이해하기

(1) 다육아트란?

다육아트는 다육식물과 기타 부재료를 이용하여 아름다운 장식품을 만드는 것 혹은 만들어진 작품 자체를 말합니다. 다육공예라고도 합니다.

(2) 다육아트의 쓰임새

다육아트의 용도는 다양합니다. 우선 실내 공간을 장식하는 인테리어로 사용할 수 있습니다. 가정의 현관이나 거실, 창가 등에 다육아트를 배치하면 멋스러운 분위기를 연출할 수 있을 뿐 아니라 다육식물에서 발산되는 음이온으로 실내 공기정화에도 도움이 됩니다. 또 전시실, 카페, 백화점 등 문화 공간이나 상업 공간에서도 사람들의 시선을 사로잡을 수 있는 훌륭한 디스플레이 역할을 할 수 있습니다.

또 다육아트는 마음을 담을 수 있는 좋은 선물로도 제격입니다. 다육바구니나 다육액자 같은 것은 누구나 좋아할만한 선물 아이템입니다. 또 특별한 날에 다육아트로 이벤트 장식을 하면 생기 있고 아기자기하며 멋스러운 분위기를 연출할 수 있고, 나아가 부케나 리스 등을 만들어 결혼식이나 각종 행사에 사용하면 꽃 장식 못지않은 아름다움과 특별한 분위기를 만들 수 있습니다. 작품은 적당한 장소에 두고 감상하다가 후일 식물만 다른 화분으로 옮겨 가꿀 수 있습니다. 한편, 다육아트 작업은 원예치료나 체험학습 활동의 일환으로 활용해도 좋습니다.

02 다육아트의 재료와 도구

(1) 다육식물

다육아트의 주재료는 다육식물입니다. 따라서 다육식물의 상태는 다육아트에 있어 매우 중요한 요소로 건강하고 아름다운 다육식물을 고르는 것은 필수입니다.

1) 다육식물 고르는 법

① 병충해를 입거나 웃자라지 않고, 단단하며 건강한 것인지 체크합니다.

② 관리가 까다로운 것보다는 관리하기 쉽고 가급적 비싸지 않은 것이 좋습니다.

③ 작품은 하나의 완성된 형태이므로 가급적 잘 웃자라지 않고 성장이 더딘 다육식물을 심는 것이 좋습니다.

④ 물을 자주 주지 않아도 되는 종류가 유리합니다.

⑤ 같은 작품에 여러 종류를 사용하는 경우, 물이나 햇볕, 온도 조건 등 생육조건이 동일하거나 비슷한 것을 선택하는 것이 좋습니다.

⑥ 대부분 실내용도이므로 강한 햇빛을 좋아하는 종류는 가급적 피하고 다소 그늘진 곳에서도 잘 생육하는 것을 고르는 것이 좋습니다.

⑦ 다육식물에는 다양한 종류와 색상과 형태가 있으므로 의도하는 작품에 적합한 것을 고릅니다.

2) 다육식물 다듬기

① 화분에서 다육식물을 빼내어 흙을 텁니다.

② 가위를 이용해 뿌리의 50~30% 정도만 남기고 가는 뿌리나 얽힌 뿌리는 잘라 냅니다.
줄기꽂이가 가능한 종류인 경우 뿌리 없이 줄기부분을 잘라 사용하는 것도 무방합니다.

(2) 흙, 수태

흙은 용기의 형태 등에 따라 다육아트 전용 '붙는 흙'이나 일반 다육식물 배양토 중 적합한 것을 골라 사용하며, 흙 대신 수태를 사용할 수도 있습니다.

1) 붙이는 흙

배수성과 통기성, 보수성 등이 좋은 배양토에 특수 결합재를 넣은 것으로 물을 붓고 주무르면 점성이 생겨 어디든지 붙으며 식재한 식물을 붙들어 주면서 식물의 생육이 가능한 특별한 흙입니다. 어떤 형태의 용기이든 '붙는 흙'을 사용하면 편리합니다. 특히 깊이가 거의 없는 편편한 형태나 작품을 거꾸로 매달거나 비스듬하게 기울이는 경우에 '붙는 흙'은 아주 편리합니다.

2) 일반 다육배양토와 마사토

깊이가 있는 화분에 다육식물을 심는 경우에는 붙이는 흙보다는 마사토와 일반 다육식물용 배합토를 사용하는 것이 식물의 생육에 유리합니다. 일반 다육 배양토를 이용하는 방법은 통상의 다육식물 심는 방법과 동일하게 중간 크기 정도의 마사토를 화분 바닥에 채우고 그 위에 배양토를 올린 후 다육식물을 심고 흙을 더 넣어 눌러 주면 됩니다.

3) 수태(물이끼)

리스틀과 같은 기존 프레임을 이용하거나 직접 프레임을 만들어 여기에 건조된 수태를 물에 불려 펼치거나 넣어서 다육용토처럼 사용할 수 있습니다. 예를 들어 액자에 철망으로 앞면을 막은 후 수태를 넣어 사용할 수 있고, 작은 다육식물을 미니 화분에 심을 때에도 흙 대신 수태를 사용할 수 있습니다.

4) 수태 사용 방법

① 용기에 건조된 수태를 넣고 물을 붓습니다.
② 10분 정도 지난 후 물에서 수태를 건집니다.
③ 물을 머금은 수태를 가볍게 짠 후 사용합니다.

(3) 용기 및 제작

다육아트에서 용기도 중요한 비중을 차지합니다. 용기의 형태는 내용물을 담거나 붙일 수 있으면 어떤 형태든 가능합니다. 용기의 재질은 과습을 싫어하는 다육식물의 특성상 토분과 같이 통기성이 우수한 다공질이 가장 좋습니다. 물론 유리, 도자기, 목재, 철재, 플라스틱 등 거의 모든 재질이 가능하고 조개껍데기, 돌, 계란껍데기 등의 자연물도 용기로서 손색이 없습니다. 용기는 시중에서 판매하는 기성품을 이용하는 방법 외에 스톤아트나 세라믹아트 등을 이용하여 직접 제작하는 방법도 있고 재활용품을 활용하는 것도 좋습니다.

1) 스톤아트를 이용한 주물럭 용기 만들기

① **준비물:** 스톤아트 분말, 안료, 물, 용기, 1회용 비닐장갑, 숟가락

② 제작 과정

1. 용기에 스톤아트 분말과 물을 5:1 비율로 넣고 안료를 적당량 넣습니다.
2. 비닐장갑을 손에 끼고 손으로 주물러 반죽을 만들어 일부만 남기고 떼어 동그랗게 빚은 후
   용기 모양으로 빚어 줍니다.
3. 남긴 반죽을 조금씩 떼어 동그랗게 4개를 빚은 후 용기아래에 다리 모양으로 붙여 줍니다.
   시간이 지체되면 반죽이 굳어 붙지 않으므로 신속히 진행합니다.

2) 세라믹아트 분말과 나뭇잎을 이용한 용기 만들기

① **준비물**: 세라믹아트 분말, 물, 빈 플라스틱 용기, 큰 나뭇잎, 숟가락, 받침대, 비닐

② 제작과정

1. 준비한 세라믹아트 가루에 물을 5:1 비율로 섞어 수저로 잘 저어 줍니다.
2. 여기에 색안료를 적당량 넣어 같이 저어줍니다.
3. 받침대 위에 비닐을 깔고 큰 나뭇잎을 올려놓습니다.
   나뭇잎 외에 기타 자연물, 시판 몰드나 재활용품 등을 이용할 수도 있습니다.
   앞에서 섞은 것을 나뭇잎 위에 고루 부은 후 그대로 둡니다.
4. 나뭇잎에 부은 것이 완전히 굳어지기 전에 뒤집어서 나뭇잎을 떼어냅니다.
   완전히 굳은 후 사포질을 해주면 빈티지한 느낌을 낼 수 있습니다.
5. 다육공예 용기로 사용합니다.

3) 석고붕대를 이용한 오브제 만들기

① 준비물: 석고, 붕대, 풍선, 방수제, 비닐

② 제작과정

1. 풍선을 필요한 크기만큼 불어 놓습니다.
2. 용기에 물을 부어 놓고 석고붕대를 쓸 만큼 잘라 풍선에 원하는 모양으로 여러 겹 붙입니다.
   석고붕대에도 안팎이 있으므로 가장 바깥에 붙이는 겹은 석고붕대의 무늬가 드러날 수 있도록
   안팎을 잘 구분하여 붙여 줍니다.
3. 풍선의 바람을 빼서 떼어내고 석고붕대 용기 안쪽에 방수제를 바른 후 스톤아트 돌가루를 물에 개어
   바릅니다.

4. 마르면 오브제나 용기로 사용합니다.

(4) 장식물과 타 공예의 활용

다육아트는 다육식물 장식에 피규어나 픽, 토우인형 같은 다양한 장식물을 곁들이면 예쁘고 재미있는 작품을 만들 수 있습니다. 용기에 글씨를 써 넣거나 그림을 그려 넣는 등 다육아트는 캘리그래피, 와이어공예, 냅킨아트 등 다른 공예와 접목시키면 보다 다양한 작품 활동이 가능합니다.

(5) 도구

① **핀셋**: 흙이나 수태에 구멍을 낼 때 사용, 다육아트 전용 핀셋의 넓적한 뒷부분은 식물을 심은 후 흙을 누르고 다듬는 마무리 용도로 사용

② **나무젓가락**: 흙이나 수태에 구멍을 낼 때 사용

③ **꽃가위**: 다육식물 뿌리나 가지를 다듬을 때 사용

④ **철사가위**: 수태를 이용한 액자 작품 시 철망을 자를 때 사용

⑤ **펜치**: 철사를 휠 때 사용

⑥ **분무기**: 물 줄 때 사용

⑦ **컵**: 흙과 물을 계량하는 데 사용

⑧ **일회용 장갑**: 붙는 흙 반죽 시 사용

⑨ **볼**: 흙 반죽 용기로 사용

식재 테크닉

(1) 다육 배양토 이용

화분에 다육식물 모아심기 등을 할 때는 붙는 흙을 사용해도 되지만 다육비합토를 쓰는 것이 생육에는 더 유리합니다.

① 화분 배수구 부분에 깔망을 깔고 굵은 마사토를 적당히 넣습니다.

② 적당한 비율로 상토와 마사토 혹은 강모래를 섞은 배합토나 다육전용토를 화분의 50% 정도 채웁니다.

③ 핀셋이나 나무젓가락을 이용하여 흙에 구멍을 내고 준비한 다육식물을 형태와 색상을 고려하여 모아 심습니다.

④ 빈 곳에 흙을 더 채워 식물이 자리를 잡을 수 있도록 해준 다음 흙을 눌러 다진 후 자잘한 마사토를 얇게 얹어 줍니다.

(2) 수태 이용

작은 화분이나 액자 형태, 리스 등에는 수태를 이용하는 것도 가능합니다. 액자의 경우 제법 깊이가 있는 형태여야 합니다. 배양토를 밑부분에 깔아주기도 하고 수태만 이용하여 심는 경우도 있습니다.

1) 수태 액자 만들기

① 액자 앞면에 철망을 끼웁니다.

② 액자의 안쪽이 위로 오게 하고 젖은 수태를 약간 도톰하게 깔아줍니다.

③ 그 위에 다육전용토를 적당히 얹어 줍니다.

④ 그 다음 얇은 스티로폼이나 유리판을 댄 다음 나무판을 얹고 못을 박아줍니다.

 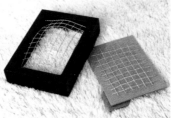 

⑤ 액자를 뒤집어 철망이 위로 오게 한 후 철망 사이에 핀셋을 넣고 수태에 구멍을 낸 다음 다육식물 뿌리 부분을 핀셋으로 집어 약간 누르듯이 심어 줍니다.

(3) 붙는 흙 이용

다육공예용 붙는 흙을 사용하면 용기의 형태에 상관없이 간편하게 작품을 만들 수 있습니다. 다만, 부착면이 유리처럼 매끄러운 경우 작품을 세웠을 때 흙이 떨어질 수 있으므로 이때는 강력 접착제를 이용하여 미리 모래 등 이물질을 붙여 표면을 거칠게 해 주거나 일단 흙을 붙인 후 말라 미끄러져 내리면 흙 뒷면에 강력 접착제를 칠해 다시 붙이면 단단하게 붙습니다.

① 흙과 물을 2:1 정도로 혼합하여 점성이 생길 때까지 반죽을 합니다.

② 용기에 빚은 흙을 붙여 줍니다.

③ 흙에 핀셋이나 젓가락으로 구멍을 낸 다음 준비한 다육식물을 심고 핀셋의 넓적한 부분 등으로 흙을 잘 다져줍니다.

④ 그늘에 그대로 두었다가 1~3일 정도 지나서 흙이 용기에 잘 붙어 있는지 확인 후 원하는 곳에 배치합니다.

04 작품 관리

다육아트는 살아있는 다육식물이 주재료이기 때문에 작품의 아름다움을 오래도록 유지하기 위해서는 다육식물을 건강하게 관리하는 것이 필수적입니다. 따라서 다육공예가나 소비자는 다육식물 관리 요령을 알아 둘 필요가 있습니다.

(1) 배치장소

다육아트의 다육식물도 일반 다육화분과 마찬가지로 빛과 통풍 조건이 좋은 장소에 두어야 건강하고 아름다운 모습을 오래 유지할 수 있습니다. 빛을 싫어하는 다육을 사용한 경우를 제외하고는 빛이 잘 드는 곳에 두도록 하며, 부득이 자연광이 부족한 장소에 배치해야 하는 경우에는 형광등이나 LED 조명과 같은 인공조명으로 보조해 주도록 합니다. 실내에 두었다면 창문을 자주 열어 통풍을 시키고 가끔씩 실외로 옮겨 햇빛을 보게 해 주어야 합니다. 실외에 두는 경우에는 비가 들지 않는 밝은 곳에 두도록 합니다.

(2) 물주기

물을 주는 간격은 일반 다육관리와 동일하며, 분무나 저면관수 방법으로 주는 것이 좋습니다. 특히 화분이나 리스형태는 저면관수가 효과적인데, 이 경우에도 흙이나 용기의 형태에 따라 방법에 약간의 차이가 있습니다. 일반 다육배양토를 사용한 화분 작품은 일반적인 저면관수법에 따르면 되지만, 붙는 흙을 이용한 작품은 넓은 용기에 물을 채우고 작품의 토양 부분이 물에 완전히 잠기게 하여 2~3시간 정도 물이 흙속으로 충분히 스며들 때까지 그대로 두는 방법이 효과적입니다.

용기에 따라 저면관수나 침수가 곤란한 경우도 있으므로 이 경우에는 분무기를 이용해 흙 부분에 공을 들여 물을 분무하여 흙 속으로 물이 충분히 스며들도록 해 줍니다. 붙는 흙은 그대로 두면 시간이 지나면서 점점 굳어지는 경향이 있으므로 오랫동안 물을 주지 않은 채로 방치하지 않도록 합니다.

흙 대신 수태를 이용한 경우에는 분무기로 수태와 식물에 분무를 해 주는 것이 좋습니다. 분무량은 수태가 촉촉해질 정도가 적당합니다. 수태 사용 작품 중 용기를 침수시켜도 무방한 것이라면 용기와 함께 식물 아랫부분까지 물에 잠기게 한 후 곧바로 꺼내어 용기에서 물을 완전히 따라 내어야 합니다.

(3) 리페어링

관리 소홀로 인하여 식물의 상태가 좋지 않은 경우에는 작품을 해체하여 식물을 일반화분으로 옮겨 관리하면 빠르게 회복시킬 수 있습니다. 햇빛 부족으로 웃자란 것은 빛이 있는 장소로 옮겨 주고, 심하게 웃자란 경우에는 흙에서 식물을 분리해 줄기꽂이를 해 줄 수도 있습니다. 작품에서 식물이 부분적으로 죽은 경우 그 부분만 떼어내고 새 흙을 덧붙여 다육식물을 추가로 식재하면 됩니다.

Chapter 03

다육아트의 실제

다육아트 따라 해보기

 키 장식

● 준비물: 붙는 흙, 키 모형, 버섯 모형, 다육

● 식재다육: 정야, 희성, 핑크루비, 펜덴스, 프리티, 로게르시 등

● 제작과정

　1. 반죽한 흙을 동그랗게 빚어서 키 안쪽에 눌러서 붙입니다.

　2. 핀셋을 이용하여 흙에 구멍을 냅니다.

　3. 뿌리 부분을 핀셋으로 집어 구멍을 낸 곳에 집어넣고 힘을 주어 심습니다.

　4. 핀셋 등의 넓적한 부분을 이용하여 뿌리부분 주변 흙을 잘 다져 줍니다.

　　색상과 형태에 유의하며 나머지 다육을 심어 줍니다.

● 작가: 전희숙

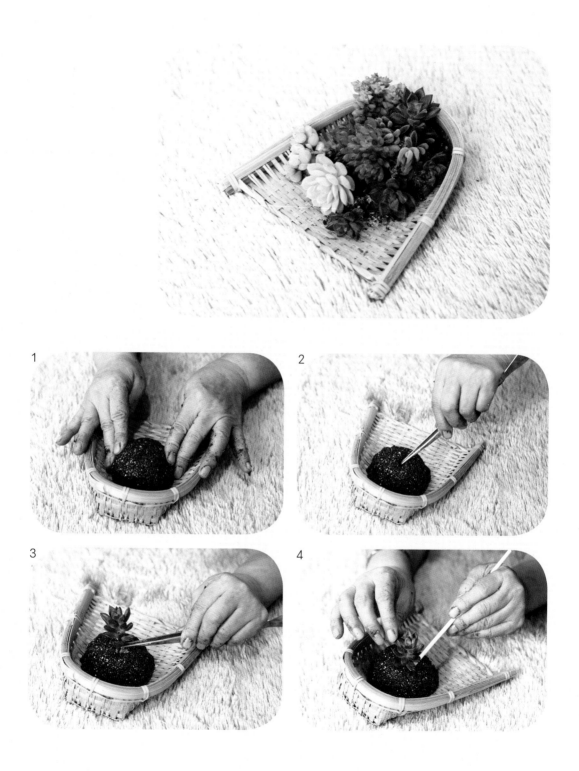

한옥 문 장식

● 준비물: 붙는 흙, 한옥 문 모형, 수염틸란드시아, 다육

● 식재다육: 펜덴스, 희성, 아악무, 데비, 대화금, 모란, 핑크루비, 정야, 홍옥 등

● 제작과정

    1. 반죽한 흙을 동그랗게 빚어서 문짝의 하단에 붙이고 수염틸란드시아를 위에서 고정시켜 늘여뜨려 줍니다.

    2. 키가 큰 아악무는 뒤쪽에 심어줍니다.

    3. 로제트가 큰 에케베리아를 중심 부분에 심습니다.

    4. 세덤류 등 아기자기한 나머지 다육식물을 빈 공간과 주변에 심어줍니다.

● 작가: 서복순

1

2

3

4

벤치 장식

● 준비물: 붙는 흙, 벤치 모형, 토우인형, 다육

● 식재다육: 핑크루비, 정야, 아악무, 녹영, 펜덴스, 희성, 홍옥, 모란 등

● 제작과정

　1. 반죽한 흙을 동그랗게 빚어서 벤치 한쪽에 붙입니다.

　2. 아악무를 뒷부분에 심어 줍니다.

　3. 중심부에는 로제트가 큰 에케베리아를 심고 색상과 형태 등을 고려하면서
　　 나머지 다육식물을 방사형으로 심습니다.

　4. 토우 인형을 옆에 올려 줍니다.

● 작가: 서복순

1

2

3

4

예쁜 병 장식

● 준비물: 병 모양 용기, 붙는 흙, 다육, 모형 과일

● 식재다육: 프리티, 정야, 모란 등

● 제작과정

　　1. 반죽한 흙을 도톰하고 다소 길쭉하게 빚어서 병 모양 화기의 들어간 부분에 붙입니다.

　　2. 다육식물을 길게 심습니다.

　　3. 색상과 형태를 고려하면서 나머지 다육식물을 주변에 심어줍니다.

● 작가: 전희숙

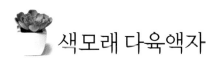 색모래 다육액자

● 준비물: 다육식재용 나무액자, 색모래, 붙는 흙, 다육
● 식재다육: 핑크루비, 아악무, 모란, 펜덴스, 데비, 로게르시, 희성, 아악무, 프리티 등
● 제작과정
　1. 반죽한 흙을 액자 바닥 전체에 도톰하게 깔아서 붙이고 다육을 심을 곳은 좀 더 붙입니다.
　2. 흙 위에 에메랄드색 모래와 흰색 모래를 뿌리고 가볍게 눌러 접착시킵니다.
　　다육을 심을 곳은 남겨 놓습니다.
　3. 남겨놓은 흙 부분에 준비한 다육을 색상과 형태를 고려하며 모아 심습니다.
● 작가: 서복순

1

2

3

4

캘리그라피가 있는 다육 풍경

- 준비물: 나무 사각 틀, 캘리그라피 작품, 화분 다육

- 식재다육: 십이지권, 흑룡각, 희기린 등

- 제작과정

  1. 화분에 준비한 다육을 심습니다.

  2. 사각 틀에 캘리작품을 붙입니다.

  3. 화분 세 개를 사각 틀 안에 배치합니다.

- 작가: 서복순

1

2

3

다육 숯부작

● 준비물: 참숯, 수반, 붙는 흙, 다육, 프리저브드 이끼

● 식재다육: 스투키, 아악무, 핑크루비, 정야, 청법사, 모란, 프리티, 희성, 홍옥 등

● 제작과정

　1. 수반에 숯을 배치하고 적당한 곳에 반죽한 흙을 붙입니다.

　2. 다육을 식재합니다.

　3. 이끼로 흙을 가려줍니다.

● 작가: 서복순

1

2

나뭇잎 다육 장식

● 준비물: 나뭇잎 모양 용기, 붙는 흙, 과일 모형, 다육

● 식재다육: 녹영, 희성미인, 청법사 등

● 제작과정

　1. 동그랗게 빚은 흙을 나뭇잎 용기 가운데에 붙입니다.

　2. 중심부에는 위로 자라는 다육을, 주변에는 흘러내리는 형태의 다육을 심습니다.

　3. 사과 모형을 올려서 색상 대비를 줍니다.

● 작가: 서복순

원형 액자 다육 장식

● 준비물: 원형 액자, 붙는 흙, 다육, 프리저브드 이끼, 리본 장식
● 식재다육: 핑크루비, 로게르시 등
● 제작과정
    1. 원형 액자의 다육 심을 부분에 흙을 도톰하게 붙입니다.
    2. 초승달 형태로 다육을 심습니다.
    3. 리본 장식으로 마무리합니다.
  ● 작가: 서복순

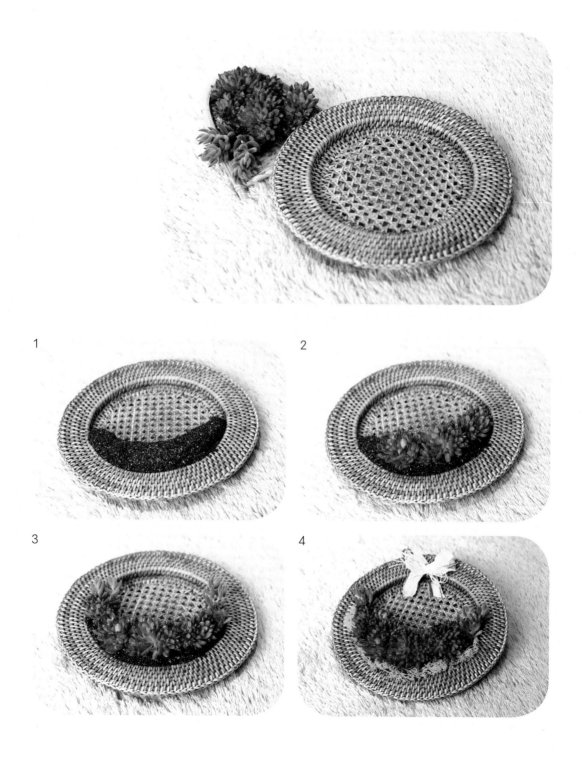

1

2

3

4

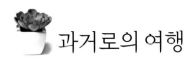 과거로의 여행

- 준비물: 초가집 모형, 울타리 모형, 토우인형, 토분, 다육, 붙는 흙
- 식재다육: 녹영, 핑크루비, 정야, 아악무 등
- 제작과정

  1. 화분과 토우인형에 다육을 심습니다.

  2. 초가지붕에 녹영을 올립니다.

  3. 울타리 안에 집 모형과 토우인형, 화분을 배치합니다.

- 작가: 서복순

1

2

3

4

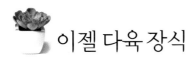 이젤 다육 장식

● 준비물: 이젤 모형, 붙는 흙, 다육, 나비 모형
● 식재다육: 아악무, 정야, 펜덴스, 데비, 핑크루비, 희성, 녹영, 프리티 등
● 제작과정
  1. 이젤에 동그랗게 빚은 흙을 붙입니다.
  2. 다육을 방사형으로 식재합니다.
  3. 글루건을 이용하여 인조 나비를 붙입니다.
● 작가: 서복순

선물 바구니

● 준비물: 바구니, 마분지, 철망, 접착제, 다육배합토, 청이끼, 다육, 픽, 나뭇가지, 핀셋

● 식재다육: 발디, 적귀성, 로게르시, 프리티 등

● 제작과정

   1. 마분지에 준비한 철망을 글루건을 이용하여 붙이고 반으로 접은 후 한 면에는 청이끼를 붙입니다.

   2. 준비한 투명 바구니에 청이끼를 붙인 마분지를 두 면에 맞추어 대고,

     아랫부분에는 적당량의 마사토를 깔고 그 위에 다육배합토를 넣어줍니다.

   3. 핀셋을 이용하여 다육을 심고 식재 주변 흙을 잘 다져 줍니다.

   4. 나뭇가지와 픽을 꽂아 마무리합니다.

● 작가: 전희숙

1

2

3

색모래로 멋내기

- 준비물: 투명용기, 색모래, 굵은 마사토, 다육배양토, 다육, 장식돌
- 식재다육: 적귀성, 펜덴스, 청옥, 핑크루비 등
- 제작과정
  1. 투명용기에 굵은 마사토로 배수층을 만든 후 배양토를 용기의 60% 정도 높이로 넣어 줍니다.
  2. 흙의 한쪽을 밀치고 색모래를 색깔별로 쌓듯이 붓습니다.
     이때 색모래가 배양토와 섞이지 않도록 주의합니다.
  3. 다육을 심고 장식돌 등으로 멋을 냅니다.
- 작가: 전희숙

1

2

3

4

다육 리스

● 준비물: 컬러 그물철망. 수태, 물, 붙는 흙, 캔들대, 캔들, 다육

● 식재다육: 염자, 라일락, 부영, 레티지아, 화제, 일월금, 팡파레, 멀티카울립스틱, 월토이, 몰라코 등

● 제작과정

   1. 컬러 그물철망에 물에 불려 가볍게 짠 수태를 폅니다.

   2. 붙는 흙을 도톰하게 띠 모양으로 중앙부에 올립니다.

   3. 중앙부에 올린 붙는 흙을 긴 방향에서 김밥 말듯이 말아준 후 양쪽 끝을 모아
리스모양을 만들어 와이어로 이어 고정시켜 줍니다.

   4. 색상과 형태의 조화를 고려하며 다육을 배치, 식재합니다.

● 작가: 송영숙

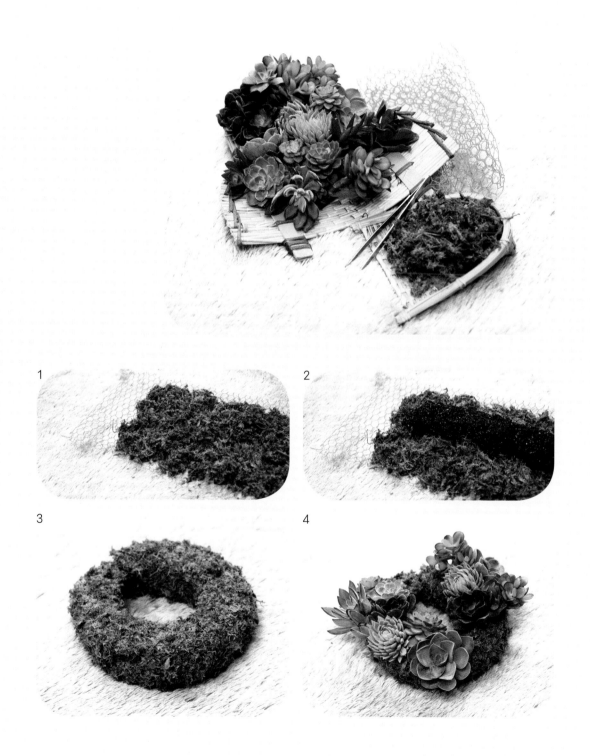

조가비

- 준비물: 조가비, 노끈, 송곳, 붙는 흙, 이끼, 다육
- 식재다육: 정야, 화제, 레티지아, 바위솔 등
- 제작과정
    1. 조가비 윗부분에 송곳이나 드라이버를 이용하여 구멍을 냅니다.
    2. 구멍에 노끈을 꿰어 묶고 흙을 붙입니다.
    3. 다육을 식재하고 이끼로 색상대비를 줍니다.
- 작가: 박수연

1

2

3

4

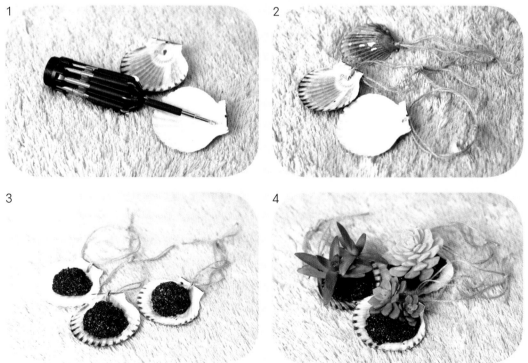

수태액자

● 준비물: 수태, 배양토, 마사토, 액자, 철망, 다육, 소품
● 식재다육: 정야, 자지련화, 로게르시, 핑크루비, 바위솔, 프리티 등
● 제작과정
   1. 깊은 액자에 마사토, 배양토, 수태, 철망 순서로 다육 심을 토대를 마련한 후
      핀셋을 이용하여 수태에 구멍을 내고 다육을 심습니다.
   2. 중심부에서 뻗어 나가는 방사형태로 다육을 심어나갑니다.
   3. 자잘한 다육으로 공간을 채우고 마무리합니다.
● 작가: 박수연

1

2

3

4

세라믹아트로 만든 모자장식

● 준비물: 세라믹아트 분말, 물, 용기, 인조진주, 모형 밀짚모자, 젓가락, 다육, 붙는 흙

● 식재다육: 레티지아, 부영

● 제작과정

  1. 용기에 세라믹아트 가루와 물을 5:1 비율로 넣어 젓가락 등으로 잘 저어 섞습니다.

  2. 밀짚모자 모형에 섞은 재료를 조심스럽게 부어줍니다.

  3. 마른 후 끈으로 모자 테두리를 만들어 줍니다.

  4. 붙는 흙을 적당량 반죽하여 붙인 후 다육식물을 심어줍니다.

● 작가: 서복순

다육액자

● 준비물: 다육공예용 액자, 굵은 마사, 붙는 흙, 다육식물

● 식재다육: 홍옥, 성을녀, 까라솔, 루비네크리스, 레티지아, 파랑새, 소인제 등

● 제작과정

    1. 다육공예용 액자에 굵은 마사를 1㎝ 두께로 깔아줍니다.

    2. 붙는 흙을 물과 6:4 혹은 5:5 비율로 섞어 잘 반죽하여 마사 위에 충분히 넣어줍니다.

    3. 핀셋을 이용하여 구상한 디자인에 따라 다육식물의 개성대로 식재합니다.

● 작가: 송영숙

아름다운 다육아트의 세계

 ## 계절을 이곳에

집 주변에 조성된 작은 동산을 연상시키는 작품입니다. 계단을 오르면 봄, 여름, 겨울 계절이 보입니다.

● 재료: 유리볼. 색돌, 자갈, 이끼, 나무껍질, 붙는 흙
● 식재다육: 녹영 등
● 작가: 전희숙

석고붕대를 이용한 오브제

풍선에 석고붕대를 겹겹이 붙여 오브제를 만든 다음 싱그러운 다육을 심고 주·역·부 그룹을 지어 배치한 후, 매자나무 가지를 이용하여 연결성과 입체감을 주었습니다. 마치 병아리가 껍질을 깨고 나온 생명 탄생의 현장을 연상케 합니다.

● 재료: 석고붕대, 풍선, 스톤아트 파우더, 방수제, 붙는 흙, 다육,
　　　　매자나무 가지
● 식재다육: 유접곡, 미니우각, 사해파, 화제, 립스틱, 적귀성, 레티지아 등
● 작가: 전희숙

조개들의 조화

바닷가에 떠밀려온 조개와 고둥 껍데기를 데려다 다육이 옆에 놓아 보았습니다. 자연이 주는 소박한 아름다움과 친근감이 느껴지는 작품입니다.

- 재료: 에코스톤, 나무판, 조가비와 고둥 껍데기, 모스, 붙는 흙
- 식재다육: 레티지아 등
- 작가: 전희숙

 이야기가 있는 정원

아기자기한 다육들이 한 곳에 모여 저마다의 멋을 뽐내며 아름다운 꽃길과 사랑길을 이루었습니다. 아름다움이 피어나고 사랑이 자라는 정원, 살며시 다가가 그 중 하나의 이름을 부르면 방긋하고 미소라도 보낼 듯합니다.

● 재료: 나무상자, 미니 표지판, 울타리 모형, 배합토, 토분, 화산석, 이끼
● 식재다육: 오공(선인장), 라비칸스, 천대전금, 홍옥, 원종프리티, 구슬얽기
● 작가: 전희숙

 ## 라벤더와 다육의 조화

향기로운 라벤더 종류를 가꾸어 가끔 그 향기에 취하고 싶은 때가 있었습니다. 예쁜 다육공예와 함께 심었더니 모처럼 원하던 것을 이룬 기분입니다. 생육관리를 위해 라벤더는 플랜터에 직접 심고, 다육식물은 토분에 따로 심어 플랜터에 올려 주었습니다.

● 재료: 플랜터, 토분, 라벤더, 다육, 도토리 집
● 식재다육: 적귀성, 프리티, 화제 등
● 작가: 전희숙

생명

 왕대를 쪼개어 다육이네 집을 만들었습니다. 바위틈에 떨어진 작은 씨앗 한 알에도 생명의 기적이 일어나듯이 대나무 반쪽 좁은 집에도 우리의 다육친구들은 강인한 생명력으로 삶의 희망을 펼쳐갈 것입니다.

● 재료: 캘리그라피로 장식한 대나무 두 쪽, 붙는 흙, 다육, 노끈
● 식재다육: 레티지아, 아악무, 화제, 정야, 성왕자, 무을녀, 부사, 마커스 등
● 작가: 박수연

숲속의 집

깊은 산속의 아름다운 집, 누구나 한번쯤은 동경하고 사는 마음속의 집을 다육공예로 표현했습니다. 정원에는 예쁜 식물이 가득하고 밤이면 은은한 불빛이 뜰을 밝히며 낮에는 온갖 새들이 지저귀는 집, 숲속 나라 요정이 찾아와 노닐다 갈 것만 같습니다.

● 재료: 조명, 나무집, 붙는 흙, 다육
● 식재다육: 녹영, 마커스, 천탑, 펜덴스, 희성 등
● 작가: 서복순

 고향

어렸을 적 길가의 밭이나 처마 밑에 열려있던 호박을 생각하며 호박 모형 용기에 아기자기하고 사랑스러운 다육을 올려보았습니다. 호박 속에 떠오르는 어머니. 달처럼 환하게 웃으시는 어머니를 그리며 마음은 벌써 고향 길로 달려갑니다.

● 재료: 호박 모형, 붙는 흙, 다육
● 식재다육: 마커스, 존다니엘, 펜덴스, 희성, 세토사 등
● 작가: 서복순

 풍요

식물이 항아리 밖으로 넘쳐 자라는 모습을 연출함으로써 적은 양의 소재를 사용했음에도 불구하고 풍요로움을 느낄 수 있는 작품입니다. 서구적인 조형물과 한국적인 항아리가 묘한 조화를 이룹니다.

- 재료: 석고 조형물, 미니 항아리, 붙는 흙
- 식재다육: 부사, 녹영 등
- 작가: 서복순

다육액자

화분에 다육을 심는 것에서 벗어나, 벽에 걸어서 다육식물을 키울 수 있는 다육액자는 다양한 디자인적 표현이 가능합니다. 수태와 일반 다육 배양토 대신 붙는 흙을 이용하면 제작이 한결 수월합니다.

- 재료: 다육공예용 액자, 붙는 흙, 다육
- 식재다육: 아악무, 조이스툴러크, 까라솔, 우주목, 시트리나, 발디, 염자금, 리틀쨈, 몰라코 등
- 작가: 대전 송영숙

종탑과 다육화단

신분의 차이가 있는 두 연인이 결혼을 반대하는 가족들 몰래 어느 성당 종탑 아래서 둘만의 결혼식을 올린다는 소녀적 감수성의 로맨틱한 장면을 다육아트로 꾸며본 작품입니다. 오래된 성당의 꼭대기 탑에서 종소리 깊게 울려 퍼지면 그 종탑아래에서는 어여쁜 아가씨와 멋진 백작님이 사랑의 서약을 합니다. 신랑이 신부에게 입맞춤하자 유일한 하객이자 증인인 다육친구들은 아름다운 커플 주위를 흥겹게 돌며 축하를 해 줍니다. 스톤아트로 직접 용기를 만들고 재활용 종탑을 곁들여 고풍스런 무대를 만든 후 거기에 생기 발랄한 다육식물을 풍성히 심어주었습니다.

● 재료: 스톤아트 재료, 붙는 흙, 재활용 종탑
● 식재다육: 성을녀, 구슬얽이, 양로, 홍옥, 아악무, 트라문타나, 조이스툴루크
● 작가: 대전 송영숙

 다육리스

 조화나 꽃으로만 리스를 만든다는 것은 편견입니다. 다육으로 만든, 오래도록 살아 숨 쉬는 리스. 리스는 다육식물을 키우기에 최상의 조건을 갖추고 있습니다. 즉, 통풍이 잘 될 뿐 아니라 저면관수법으로 물을 주기 아주 좋은 조건입니다. 다육 리스는 여러 다육들이 조화를 이루어 식재했을 때와 각자의 개성을 뽐내며 자라는 모습을 모두 즐길 수 있습니다.

● 재료: 붙는 흙, 수태, 철망
● 식재다육: 멀티카울립스틱. 화재, 레티지아, 프리티, 올리버, 성을녀,
　　　　　박화장, 까라솔, 아악무, 벽어연 등
● 작가: 대전 송영숙

 ## 다육이 정원

소녀적 감수성으로 꾸며진 철재 바구니 속 작은 다육 정원입니다. 복층으로 지어진 미니하우스와 귀여운 미니어처들이 다육식물과 아우러져 신비한 숲속나라를 연상시킵니다. 오솔길을 따라 걷다 보면 상상속의 인형친구들이 뛰어나와 함께 놀자고 손짓할 것만 같습니다.

● 재료: 철재 바구니, 미니어처, 붙는 흙
● 식재다육: 라벤다 힐, 조이스툴러크, 미니홍옥, 언성, 녹탑, 방울복랑, 아악무, 벽어연 등
● 작가: 대전 송영숙

모스 아트와 미니다육

스칸디아 모스는 미네랄 보존처리가 되어 온도 및 빛의 영향을 전혀 받지 않아 물을 주지 않아도 30년 이상 살아갑니다. 공기정화, 탈취 효과, 스트레스 완화 기능이 있는 특별한 모스를 사용하여 가을 단풍을 연상시키는 모스나무와 작은 피규어로 앙증맞은 작품을 만들었습니다. 코르크탄화를 사용하여 탈취기능을 한층 더 높였으며 미니 다육화분과의 어울림으로 마무리하였습니다.

● 재료: 사각 프레임, 모스, 피규어, 콜크탄
● 식재다육: 천탑 등
● 작가: 대전 송영숙

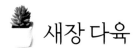 새장 다육

모든 디육은 꽃을 피웁니다. 그중에 별꽃같이 아름다운 꽃을 보여주는 스미드티는 열정적인 빨간색 잎과 어우러져 더한층 아름답습니다. 레드 계열의 스미드티와 홍옥에 아래로 늘어지는 다비드, 멋스러운 아악무의 그린 계열로 강렬한 대비를 이루게 하여 생동감이 넘치는 작은 새장 정원을 연출해 보았습니다.

● 재료: 새장 모형, 붙는 흙
● 식재다육: 스미드티, 홍옥, 다비드, 아악무, 요술꽃 등
● 작가: 대전 송영숙

 꼬마 신랑신부

층층이 쌓아올린 토분의 멋스러움과 형형색색의 다육으로 한껏 아름답게 꾸며진 꼬마 신랑신부의 웨딩 단상입니다. 파란 가을하늘 아래 붉게 또 노랗게 물들어가는 다육들이 꼬마 신랑신부의 아름다운 결혼식을 축하하는 듯합니다. 정형화된 화분의 틀을 벗어나 토분을 활용하여 색다른 모습의 다육공예를 시도해 보았습니다.

● 재료: 토분, 신랑신부 미니어처, 붙는 흙
● 식재다육: 레티지아, 리틀장미, 아악무, 까라솔, 라울, 홍옥 등
● 작가: 대전 송영숙

 다육트리

다양한 다육식물을 이용하여 탑 모양의 다육트리를 만들었습니다. 매년 12월이면 거리마다 반짝반짝 빛나는 크리스마스트리를 보면서 '사계절 즐길 수 있는 나만의 미니 다육트리를 만들어 보는 것은 어떨까?' 라는 발상에서 나온 작품으로 많은 양의 붙는 흙을 사용하여 다육식물이 건강하게 자랄 수 있는 환경을 만들어 주었습니다.

- 재료: 화분, 붙는 흙
- 식재다육: 레티지아, 화제, 까라솔, 라일락, 홍옥, 마커스, 홍대화금, 리틀장미 등
- 작가: 대전 송영숙

🌿 기도

스톤아트를 이용하여 직접 화분을 만들고, 그 위에 다육을 심고 성모상을 올려 경건하고 겸허한 분위기를 연출한 작품입니다. 다육식물의 잔잔한 매력과 석고로 만든 성모상의 조용한 미소가 바쁘게 살아가는 우리 현대인들의 지친 어깨 위에 잔잔한 햇살로 다가와 일상의 고단함을 모두 내려놓고 잠시 마음에 평화와 위안을 얻게 해줍니다.

● 재료: 스톤아트로 제작한 용기, 성모상, 붙는 흙
● 식재다육: 펜덴스, 천탑, 홍옥, 구슬얽이, 백모단, 성을녀 등
● 작가: 대전 송영숙

도토리 오브제

가을 산에 오르면 흔하게 볼 수 있지만 아무도 주워가지 않는 도토리를 고목에 붙여 재미있는 오브제를 만들었습니다. 고목 이곳저곳에 다육을 심어서 가고 오는 자연의 순리 속에 끊임없이 계속되는 생명의 신비를 표현하였습니다.

● 재료: 도토리, 고목, 붙는 흙
● 식재다육: 애심, 마커스, 레티지아, 정야, 구슬얽이 등
● 작가: 중앙회 황찬주

신부의 정원

모든 신부는 아름답습니다. 하지만 아름다운 순간은 길지 않지요. 아름답고 청초한 신부의 모습을 오랫동안 간직하고 싶은 마음으로 신부 인형에 다육을 식재하여 신부의 정원을 만들어 보았습니다. 우레탄과 치킨와이어를 이용하여 치마 형태를 만들고 그 위에 붙는 흙으로 다육을 심고 빈 공간에는 모스를 채웠습니다. 헤어장식과 상체장식은 프리저브드플라워를 사용하였습니다.

● 재료: 우레탄, 인형, 치킨와이어, 붙는 흙, 모스, 프리저브드플라워
● 식재다육: 화제, 레티지아, 성을녀, 부영, 마커스, 벨루스, 양로 등
● 작가: 대전 유성 민혜경

 또 기다림

우리는 지나간 날들에 대한 그리움을 가슴 속에 담고 살아갑니다. 사자발로 표현한 시원하게 흐르는 여름 숲속 폭포 너머로 가을 숲이 만들어집니다. 고사홍으로 표현된 가을 숲속 단풍나무 아래의 돌 틈 사이로 예쁘게 물든 단풍잎들이 새롭게 펼쳐질 또 다른 세계와의 만남을 기대하게 합니다.

● 재료: 토분, 말채 원형구조물, 다육배양토, 단풍잎, 화산석
● 식재다육: 고사홍, 적귀성, 펜덴스, 사자발 등
● 작가: 한근희

 # 자전거

다육은 큰 작품에서도 매력적이지만 작은 소품과도 무척 잘 어울립니다. 우연히 눈에 띠어 사다놓은 앙증맞은 모형 자전거와도 다육은 환상적인 조화를 보여줍니다.

● 재료: 자전거 모형, 돌가루 DIY 용기, 배양토, 새 모형
● 식재다육: 화제, 핑크루비, 레티지아 등
● 작가: 박수연

모스 가든(moss garden)

구조물과 모스를 이용하여 구조적인 형태를 강조한 작품으로 초록 가득한 여름 가든을 형상화 하였습니다. 미묘한 명도와 채도 차이가 있는 다육식물을 사용하여 시각적 흥미를 돋우었습니다.

- 재료: 구조물, 이끼, 붙는 흙
- 식재다육: 부사, 레티지아, 자라고사, 구스토, 마커스, 희성, 세덤류 등
- 작가: 중앙회 이소영

 상생(相生)

여러 종류의 다육을 사용하면서도 같은 계열의 색을 선택하여 부
드럽게 조화를 이루고, 마치 다육들이 자연석에서 함께 자란 것처
럼 연출한 작품으로 돌과 식물 모두를 감상의 대상으로 하였습니
다.

● 재료: 돌, 붙는 흙
● 식재다육: 백모단, 애심, 다비드, 마커스, 녹탑 등
● 작가: 중앙회 원은주

 ## 창밖의 풍경

 어느 따사로운 봄날의 한가한 오후, 커다란 유리창을 통해 바라보이는 창밖의 풍경은 얼마나 조용하고 평화로워 보이던지요. 초록의 나무와 손에 잡힐 듯 부드러운 바람, 나뭇가지 위의 새 한 마리…. 그날의 따뜻함을 삼각 유리창 속의 다육으로 표현해 보았습니다.

● 재료: 삼각 유리화기, 모스, 붙는 흙
● 식재다육: 적귀성, 정야, 레티지아, 소인제, 염자 등
● 작가: 중앙회 김선미

소소한 일상

주변에서 손쉽게 구할 수 있는 소품들을 이용하여 아이들과 재미있고 자유롭게 다육정원을 만들어 보았습니다. 병아리, 무당벌레, 벌 등을 장식하여 생동감 있고 살아있는 정원 느낌이 나도록 하였습니다.

● 재료: 붙는 흙, 소품, 장식모형
● 식재다육: 레티지아, 화제, 프리티, 루페스트리, 라일락, 흑룡각, 비모란, 아놀디, 천금장 등
● 작가: 중앙회 김상연

꽃사슴의 향기 정원

 어릴 적의 상상 속 아름다운 꽃사슴이 뛰노는 비밀정원이 떠올랐습니다. 그 정원을 다육식물로 표현하고 디퓨저를 꽂아 정원에 향기를 불어넣었습니다. 꽃이 핀 은은한 색감의 블루엘프를 중앙에 두어 정원을 우아하게 하고, 주변에 펜덴스를 균형있게 배치하여 단조롭지 않게 했으며, 크고 작은 다육들로 정원에 아기자기함을 더해 주었습니다. 와인 코르크와 색모래로 완성도를 높였습니다.

● 재료: 붙는 흙, 디퓨저(diffuser, 향기발생기)
● 식재다육: 블루엘프, 마커스, 리틀장미, 펜덴스, 소인제, 레티지아,
　　　　　 오팔리나, 언성
● 작가: 강남 김은경

 # 돌하르방 곱독하다(곱닥하다)

돌하르방은 제주도를 대표하는 상징물입니다. 어릴 적 노란 유채 꽃과 감귤나무에 돌하르방이 서 있는 모습을 보며 감탄했던 아름다운 추억을 다육식물을 이용하여 작품으로 표현해 보았습니다. 전복껍데기 화분의 중심부에 돌하르방을 놓고 작고 앙증맞은 다육들을 그 주변에 심어 추억의 풍경을 재현했습니다. 돌하르방 곱독하다.

● 재료: 돌하르방 모형, 전복껍데기, 붙는 흙
● 식재다육: 모란, 핑크루비, 핫세이, 월토이, 루비네크리스, 오데티(백혜)
● 작가: 제주 김미정

 어부의 꿈

모든 어부들의 꿈은 만선입니다. 거친 바다를 누비며 배 안 가득 건져 올린 어부들의 땀방울이 풍어의 깃발을 나부끼며 항구로 들어옵니다. 배 모형에 다육을 풍성히 심어 어부들의 꿈을 표현했습니다.

● 재료: 배 모형, 붙는 흙
● 식재다육: 특엽옥접, 마커스, 크로커다일, 자보, 희성, 성을녀,
　　　　　　와송바위솔, 적귀성, 은사, 천탑, 부사 등
● 작가: 천안 고화숙

작은 창 정원

집안에 정원을 갖고 싶은 것은 비단 저만의 바람은 아닐 테지요. 취설송, 화월, 제이드포인트 등을 이용하여 나만의 정원을 만들었습니다. 다육으로 표현된 나무와 꽃, 세련미를 더해 주는 색모래, 자전거 수레 위 황금세덤으로 표현된 잔디, 활기를 불어넣어주는 오리 두 마리, 작은 정원으로 인해 금세 집안이 활기차고 화사해질 것 같습니다.

● 재료: 자전거 미니어처, 오리 미니어처
● 식재다육: 황금세덤, 을녀심, 조이스툴루크, 리틀쨈, 방울복랑 등
● 작가: 춘천 신효숙

가을향기를 품은 다육 꽃단지

 짙은 색상의 핑크루비와 홍옥으로 형태를 잡고 그 안에 옅은 색의 호접무금을 채워 대비를 주었습니다. 바람이 솔솔 부는 창가에 놓으니 마치 창밖의 가을 풍경이 실내로 들어 온 듯 집안 가득 가을 분위기가 번져 갑니다.

● 재료: 단지 모양 화기, 붙는 흙, 토끼인형
● 식재다육: 홍옥, 호접무금, 핑크루비, 꿩의비름 등
● 작가: 강남 김은혜

 우리집 정원

집안에서도 정원의 정취를 느끼고 싶어 작은 정원을 만들어 봅니다. 식물과 꽃으로 푸른 정원을 조성하고 군데군데 천연이끼를 심어 집안의 습도조절이 가능하도록 했습니다. 버섯과 울타리가 멋스러움을 더해줍니다.

● 재료: 붙는 흙, 천연이끼, 약간의 소품
● 식재다육: 황금마삭, 휘트니아. 산호수, 사계소국 등
● 작가: 부산 김창수

 바램을 쓰다

소망을 이루고 싶은 마음을 예전에 장원 급제하면 쓰던 모자를 빌어 표현한 작품입니다. 모자에 정성껏 심겨 있는 다육들을 통해 정성된 마음을 표현하고 소망 기원의 상징물인 솟대를 배치하여 소원성취의 간절함을 강조하였습니다.

● 재료: 모자, 솟대, 붙는 흙
● 식재다육: 황금세덤, 벨루스, 블랙프린스, 취설송, 부용, 방울복랑,
　　　　　　펜덴스, 을녀심, 모노케로티스 등
● 작가: 대구 박소영

다육 소품걸이

장식용 인테리어 이상으로 생활 속에서 사용할 수 있는 방법을 생각하여 목재소재의 선반에 냅킨아트로 꾸밈을 하고, 다육을 심어 실용적 활용이 가능하도록 제작한 작품입니다. 위쪽은 다육 장식을 하고 아래쪽은 모자나 벨트 등을 걸 수 있도록 고리를 부착하였습니다.

● 재료: 목재 선반, 냅킨아트 재료, 기타 장식소품, 붙는 흙

● 식재다육: 우주목, 멘도자, 화월, 특엽옥접, 금사황, 라일락, 부용,
　　　　　　아악무, 웅동자 등

● 작가: 부산 장혜자

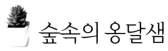 숲속의 옹달샘

바쁜 생활 속에서 잠시나마 정서적 안정과 휴식을 바라는 마음을 숲속 풍경 한 부분으로 담았습니다. 버섯과 그 속의 식물들이 아기자기 자라는 모습과 옹달샘을 다육아트로 표현해 보았습니다.

- 재료: 나무쟁반, 버섯스톤, 솔방울, 말린 나무, 마사토, 장식물
- 식재다육: 황금세덤, 부용, 꽃핀 와송, 모노, 모노케라티스, 은월,
  바위솔 등
- 작가: 대구 표영화

 아름다운 다육부케

여러 종류의 꽃을 한데 묶은 로맨틱한 꽃다발부케처럼 다양한 종류의 다육을 한데 모아 부케의 느낌이 나도록 제작하였습니다. 실제 부케처럼 사용할 수 없는 아쉬움을 풍성한 느낌이 나는 연녹색의 황금세덤과 귀여운 백도선으로 표현하였습니다.

● 재료: 붙는 흙, 원목 받침대
● 식재다육: 샴록, 백도선, 루비네크리스, 황금세덤, 프리티 등
● 작가: 대구 우혜진

 ## 마음과 마음이 만나는 길

부모님 세대 만남의 스토리를 표현해 보았습니다. 지금은 소통의
도구가 널려 있지만 그 시절에는 사랑의 표현을 편지로 주고받았
다죠. 다육식물의 색깔로 삶의 여정을 표현해 보았습니다.

● 재료: 붙는 흙, 원목 받침대, 장식물

● 식재다육: 프리티, 아악무, 펜다드럼, 화제, 마커스, 불로초 등

● 작가: 파주 이지연

싱그러운 꽃마음

기쁜 날을 더 행복하고 의미있게 만들어주는 꽃다발. 아름답지만 금세 시들어버리는 꽃 대신 오랜 시간 바라볼 수 있는 다육으로 만든 꽃다발입니다. 중앙에 정야로 포인트를 주어 깨끗하고 우아한 느낌을 주고 레티지아와 핑크루비, 루비네크리스를 주변에 배치하여 싱그러움을 표현하는 동시에 포커스 정야를 더욱 돋보이게 하였습니다.

● 재료: 포장지, 장식물
● 식재다육: 정야, 레티지아, 핑크루비, 루비네크리스, 시크릿, 화월,
　　　　　　인디카꽃, 치와와린제 등
● 작가: 강남 김은경

첼로의 선율과 함께

다육이 예쁘게 물드는 가을, 첼로의 선율과 함께 여행을 떠나고 싶은 마음을 담은 작품입니다. 핑크루비, 레티지아를 포인트로 사용하고 수목 형태의 미니염자, 밝은 색의 아악무, 동글동글한 청옥, 솜털이 매력적인 부영, 불꽃같은 화제 등을 색색이 넣어 멋진 가을 풍경과 여행을 연상케 하였습니다.

● 재료: 첼로 화분, 붙는 흙, 다육
● 식재다육: 미니염자, 부영, 아악무, 청옥, 유접곡, 핑크루비, 화제,
　　　　　　레티지아, 희성 등
● 작가: 서초 홍향기

 고목에 핀 희망의 메시지

종이상자와 리스, 자작나무 껍질을 이용한 겨울나무 등걸을 제작
하여 토대로 삼고, 그 안에 배양토를 넣어 다육을 심었습니다. 중
간에 화산석을 놓아 나무와 식물간의 조화를 이루도록 했습니다.
고목나무 등걸 속에서 생동감 있게 자라나는 어린 다육들은 세월
이 흘러도 언제나 새롭게 피어나는 희망입니다.

● 재료: 종이상자, 리스틀, 자작나무껍질, 화산석, 다육배양토, 다육, 모스
● 식재다육: 프리티, 블루헤론, 구슬얽기, 청솔, 염자, 명월 등
● 작가: 중앙회 정주희

 # 산골소년

 그리운 풍경, 물 맑고 공기 좋은 산골과 그 속에서 살아가는 산골소년의 순박한 마음을 표현한 작품입니다. 용기에 모래를 깔아 밑 작업을 한 후 배경으로 화산석을 배치하였고, 그 사이에는 나무 등걸을 깔아 산속 느낌을 내었으며, 토우인형으로 산골소년을 표현하였습니다. 여기에 다양한 다육을 심고 작은 소품들을 적절히 배치하여 아기자기한 재미를 느끼게 하였습니다.

● 재료: 화분, 토우인형, 붙는 흙, 마른 나무, 모래, 글루, 작은 소품
● 식재다육: 유접곡, 연봉, 천탑, 신도, 선인장, 황려, 자만도, 양로,
　　　　　 스파툴리플리움, 마커스 등
● 작가: 천안아산 고화숙

제2의 인생

켄터키 프라이드 치킨집 앞에 서있는 하얀 할아버지는 65세의 나이에 자신만의 닭요리법으로 세계적인 성공을 거둔 커넬 할랜드 샌더스라는 분으로 제가 존경하는 사람 중 한 분입니다. 수많은 역경과 좌절 속에서도 끝까지 포기하지 않고 마침내 성공을 이룬 그의 끈기와 열정에 박수를 보내며, 다육을 만나 행복한 심정과 커넬 같은 끈기와 열정의 마음으로 제2의 인생을 개척하고 싶은 마음을 작품에 담아 보았습니다.

● 재료: KFC 커넬, 붙는 흙
● 식재다육: 염자, 웅동자, 청옥, 구슬얽이, 핑크루비, 천대전송, 녹영 등
● 작가: 동대문 서혜경

해변의 추억

 수많은 인파가 몰려드는 여름날의 해수욕장. 하지만 가끔은 한적한 곳에서 자연을 만끽하고 싶을 때가 있습니다. 오브제를 이용하여 넓은 백사장을 표현하고 다육을 모아 심고 바다색의 모스로 색의 변화를 꾀해 송림과 관목들이 우거진 한적한 백사장을 연출했습니다.

● 재료: 오브제, 피규어, 붙는 흙, 모스
● 식재다육: 적귀성, 핑크루비, 펜덴스, 바위솔, 청옥, 프리티 등
● 작가: 군산 박점순

 ## 가을의 바람

가을은 봄에 뿌린 씨앗이 자연의 섭리에 따라 열매로 나타나는 계절입니다. 쉽게 구할 수 있는 국자에 다육을 가득 심어 풍성한 가을을 표현해 보았습니다. 창문 벽에 걸어두면 어느 지인이 놀러와 이를 보고 즐거워할 때 기꺼운 마음으로 내어주고 싶습니다.

- 재료: 문발, 창살, 국자, 모스, 꽃의 씨방
- 식재다육: 홍옥, 루비앤네크리스, 녹영, 마커스, 아악무, 은행목,
  방울복랑, 펜덴스 등
- 작가: 포천 서순남

 꿈

어릴 적부터 그림 잘 그리는 사람들이 부러웠습니다. 멋진 그림을 그려 보고 싶은 것은 어른이 되어서도 여전히 남아있는 꿈이었습니다. 어느 날 다육공예를 보고 첫아이를 만났던 설렘 같이 가슴이 뛰었던 것을 잊을 수 없습니다. 네모 안에 내가 그리고 싶은 계절, 노래, 희망 등을 다육식물이란 생명을 통해 무궁무진 그릴 수 있다는 사실이 가슴 벅찼습니다. 오늘도 나는 캔버스 대신 네모 난 액자에 예쁜 다육들을 크레파스 삼아 그림을, 아니 꿈을 그리고 있습니다.

● 재료: 목재액자, 붙는 흙, 다육
● 식재다육: 을녀심, 화이트스톤크롭, 오팔리나. 아악무, 양로, 초연,
　　　　　　펑의 비름, 정야, 레티지아, 마커스, 다비드, 루비앤네크리스,
　　　　　　부사 등
● 작가: 구로 김미애

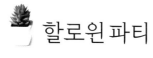 할로윈 파티

우리나라에서도 할로윈 데이를 즐기는 사람들이 점점 늘어나고 있다지요? 채반 위에 형형색색 예쁜 다육을 심고 호박 조명을 밝혀 멋진 할로윈 파티를 꿈꾸어 봅니다.

● 재료: 채반, 붙는 흙
● 식재다육: 호접무금, 부영, 홍옥, 염자, 바위솔, 방울복랑, 레티지아 등
● 작가: 포천 백은영

모녀

다육은 소품들과 함께 배치하면 다양한 볼거리와 이야기거리를 제공할 수 있습니다. 다정한 모녀상이 딸린 용기에 다육을 심고 앙쪽으로 악사들을 배치하고 주변에 앙증맞은 다육 화분을 가져다 놓았습니다. 모녀는 깊은 사연을 간직한 듯하고 다육들과 악사들은 모녀를 위해 음악으로 위로해 주는 것 같습니다.

● 재료: 모녀상 용기, 악사 미니어처, 작은 화분, 붙는 흙
● 식재다육: 핑크루비, 호접무금, 홍옥, 라일락, 녹영, 루비네크리스, 비모란, 염자, 아악무 등
● 작가: 포천 서순남

 # 꽃지게에 사랑을 담고

 현대사회는 갈수록 경쟁과 이기주의가 심해지는 사회입니다. 박물관에서만 볼 수 있는 추억의 지게를 보며 사랑과 존경을 바탕으로 형제간의 우애를 다룬 설화, 의좋은 형제가 떠올랐습니다. 꽃처럼 아름다운 다육 꽃지게. 볏 짚단을 가득 지고 서로를 위하던 그들 형제처럼 배려와 사랑의 마음 가득한 따뜻한 세상을 꿈꾸어 봅니다.

● 재료: 지게 모형, 붙는 흙
● 식재다육: 을려심, 마커스, 펜타드럼, 라일락, 레티지아, 용월, 부용, 천탑 등
● 작가: 구리 김정숙

 화합

우리는 살아가면서 사랑과 배려 그리고 용서의 마음이 필요합니다. 서로 대립하기보다는 융화하는 마음을 가질 때 우리들의 삶은 보다 풍요로워지겠지요. 둥근 형태의 디자인을 통해 융화의 마음을 표현해 보았습니다.

● 재료: 붙는 흙, 다육
● 식재다육: 루비앤네크리스, 프리린제(모란), 프리티 등
● 작가: 중앙회 곽인자

다육 테이블 센터피스

예쁜 다육으로 빼곡하게 장식하여 요리접시를 연상케 하는 다육 테이블 센터피스는 흙 대신에 수태를 사용하였습니다. 연회 테이블 중앙에 배치하면 꽃장식 못지않은 아름다움으로 멋진 분위기를 만들어 주지 않을까 싶습니다.

● 재료: 접시, 바가지, 수태, 다육, U핀
● 식재다육: 펜덴스, 정야, 우주목, 레티지아, 프리티, 천금장 등
● 작가: 중앙회 신유진

행복한 다육이

오늘날 우리들의 모습은 낮과 밤의 구분이 없고 출퇴근의 경계가 무너지고 남녀 구별이 없는 치열한 경쟁과 스피드 그 자체입니다. 하지만 바쁜 일상 속에서도 누구나 한 번쯤은 어릴 적 행복하고 평화로웠던 추억을 더듬어 보기도 하지요. 저 역시 어릴 적 초등학교 교실, 햇살 가득한 창가 모퉁이에 놓여 있던 이름도 기억나지 않는 꽃과 화분을 바라보면서 창문 너머로 친구들이 뛰노는 모습을 보고 행복하게 미소 짓던 추억들이 아련히 떠오릅니다. 고운 옛 추억을 떠올리면서 작품 속에 안식과 행복에의 염원을 담아 보았습니다.

● 재료: 벤치 모양, 붙는 흙
● 식재다육: 온슬로우, 핑크루비, 녹영, 황금성, 펜덴스, 도태랑,
　　　　　 핑크프리티, 메비나, 마커스, 화려한 연꽃 등
● 작가: 화성 박연화

 다육 사랑 바구니

예쁜 바구니에 사랑과 다육을 가득 담아 선물 바구니를 꾸며 보았습니다. 다육 바구니는 며칠 후면 시들어 버리는 꽃바구니와 달리 두고두고 자라고 변화하는 모습을 볼 수 있어 오래도록 기억에 남는 멋진 선물이 됩니다.

● 재료: 바구니, 피규어, 붙는 흙
● 식재다육: 핑크루비, 까라솔 등
● 작가: 강원 박춘영

 평화의 정원

평평한 돌 위에 흙을 붙이고 자잘한 다육들을 심어 작은 정원을 만들었습니다. 때때로 바라보고 즐거워하며 마음의 평화를 얻을 수 있을 다육 정원. 지친 일상을 힐링하는 작은 쉼터입니다.

● 재료: 넓적한 돌, 붙는 흙

● 식재다육: 홍옥, 을녀심, 레티지아, 천탑, 희성미인 등

● 작가: 강남 김은혜

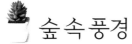 # 숲 속 풍경

세월이 흐르면 아름드리나무들도 쓰러지게 마련입니다. 하지만 쓰러져 죽은 나무도 가만히 들여다보면 나무속이나 그 주변에 무수한 생명들이 살고 있음을 볼 수 있습니다. 어떤 것의 죽음은 또 다른 것의 살아남입니다.

● 재료: 고목나무 조각, 붙는 흙, 도토리 집
● 식재다육: 바위솔, 화제, 부영, 프리티, 라울, 천탑 등
● 작가: 중앙회 윤춘자

가을 여행

뜨거운 여름을 이겨내고 따사로운 가을빛에 곱게 물들어 가는 앙증스럽고 예쁜 다육. 종류나 모양이 다른 아이들을 만나도, 타 공예와 접목하여도 함께 어울려 멋있고, 붙는 흙 넬솔을 만나면 나무, 돌, 유리 등 어느 곳에 옮겨 놓아도 다양하고 아름다운 작품으로 탄생합니다. 올 가을에는 제각각의 모양과 색으로 멋지게 뽐내는 다육들을 가득 싣고 좋은 사람들과 가을 여행을 떠나고 싶습니다.

- 재료: 트럭 모형, 붙는 흙
- 식재다육: 몰라코, 청솔, 멀티카울립스틱, 라울, 미니벨, 미니염자, 발디, 을녀심, 프리티, 부영 등
- 작가: 수원 이춘로

 # 비모란의 아름다움

세 개의 비모란을 좁은 공간에 그룹핑하여 아름다운 색의 조화를
표현하였습니다.

● 재료: 용기, 마사토, 배합토
● 식재다육: 비모란, 마블선인장 등
● 작가: 중앙회 김은경

 # 여름 풍경

작은 볼 몇 개에 다육을 심고 하얀 색돌을 주변에 깔아 준 후 물뿌리개를 배치하여 마치 싱그러운 여름날 소나기가 쏟아지고 돌돌 돌 흐르는 시냇물과 풀숲이 연상되는 작품입니다.

● 재료: 흰색 도자기 볼, 석판, 물뿌리개, 배합토, 마사토, 색돌

● 식재다육: 부영, 펜덴스, 레티지아, 핑크루비, 녹영, 흑룡각, 언성(박성) 등

● 작가: 중앙회 김선영

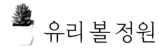 유리 볼 정원

유리 볼 속에 다육과 아기자기한 소품으로 앙증맞은 정원을 만들었습니다. 마치 동화의 나라에 들어선 듯한 느낌을 줍니다.

● 재료: 유리 볼, 울타리 모형, 강아지 모형, 붙는 흙
● 식재다육: 아악무, 핑크루비, 샴록, 부사, 희성미인 등
● 작가: 중앙회 오지은

고목과 다육

기이한 형상의 고목 뿌리에 아름다운 색상의 다육을 수놓듯 심어 강렬한 대비를 꾀한 작품입니다. 새로운 것과 오래된 것이 늘 공존하면서 세상은 새로운 것으로 교체되어 가지만 뿌리는 언제나 오래된 것에 있습니다.

● 재료: 고목 뿌리, 붙는 흙
● 식재다육: 을녀심, 화제, 아악무 등
● 작가: 중앙회 배경이

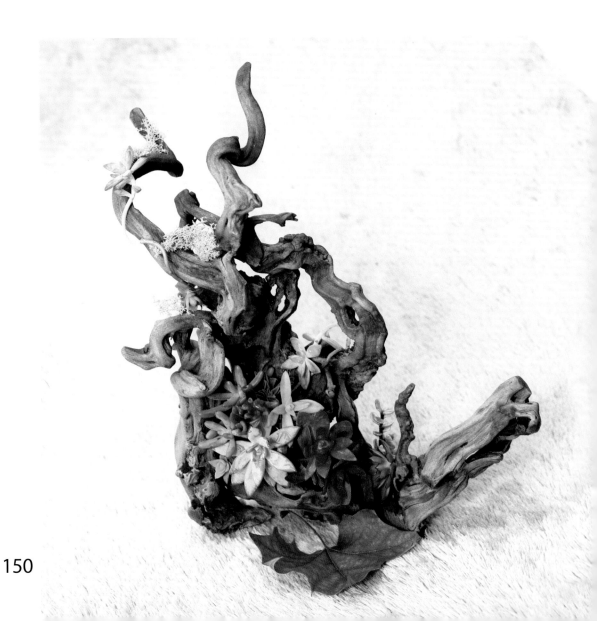

 다육바구니 선물

싱그러운 느낌의 다육바구니. 형형색색 예쁜 다육을 고운님께 한 바구니 푸짐히 담아 보내면 책상 위에 올려두고 보고 또 보고…. 한 그루 뽑아서 작은 분에 옮겨 심으면 두고두고 날 기억해 주겠지요.

● 재료: 바구니, 붙는 흙

● 식재다육: 펜타드럼, 까라솔, 금황성, 세토사 등

● 작가: 양산 박미송

 # 레코드판과 계란

오래된 레코드판과 계란껍질을 이용하여 만든 작품으로 흘러간 노래들과 아련한 추억들이 오버랩되어 센티멘털한 분위기를 자아 냅니다. 추억을 콘셉트로 한 카페 인테리어 소품으로 제격일 듯한 작품입니다.

● 재료: LP판, 옛 악보, 계란껍질, 붙는 흙
● 식재다육: 염자, 성을녀, 아악무, 성미인, 언성, 부사, 희성 등
● 작가: 부산 서금석

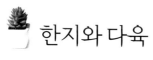 한지와 다육

높은 화기를 만들어 늘어지는 다육을 심었습니다. 화기에는 한지를 물에 풀어 겹겹이 붙이고 마지막 단계에서는 색칠을 하여 화기와 다육이 보색 대비를 이루도록 하였습니다.

● 재료: 한지, 물감, 배양토
● 식재다육: 립살리스 산호, 미니우각, 사해파 등
● 작가: 태안 송순자

 # 다육 나무

 고풍스런 촛대와 계란 껍질을 이용한 작품으로 마치 나무에 다육이 피어난 듯한 느낌을 줍니다. 햇볕이 잘 드는 창가에 세워두면 지나가던 새들이 나무인 줄 알고 날아들 것 같습니다.

- 재료: 와이어공예 촛대, 계란껍질, 붙는 흙
- 식재다육: 금사, 녹탑, 프리티, 와송바위솔, 언성, 화제 등
- 작가: 부산 서금석

재활용품을 활용한 다육아트

 화분판을 활용한 다육아트

화분판은 꽃시장에서 흔하게 버려지고 있지만 그 자체로도 아름다울 뿐 아니라 조금만 손보면 멋진 예술품으로 변신시킬 수 있습니다. 에코스톤을 반죽하여 화분판 중심부에 큰 화분 형태를 만들고, 화분판 윗부분 전체에 에코스톤 반죽을 덧입혀 빈티지 느낌의 용기를 만들었습니다. 중심부에 붙는 흙을 채워 넣고 그린 계열의 다육들을 높낮이를 주어 가며 자유분방한 느낌으로 디자인하였습니다.

- 재료: 화분판, 에코스톤, 아크릴물감, 노끈
- 식재다육: 녹영, 레티지아. 라울, 마커스, 화제, 프리티, 정야 등
- 작가: 전희숙

플라스틱컵 재활용 작품

일회용 투명 플라스틱 컵에 적당히 자갈이나 돌을 넣어 안정감을 쥬 후 그 위에 다육을 심어 간단하게 만들어도 보기에 따라서는 훌륭한 작품이 될 수 있습니다.

● 재료: 일회용 투명 플라스틱 컵, 자갈, 붙는 흙
● 식재다육: 화제, 부영, 레티지아. 청옥, 펜덴스, 꽃뗏목 등
● 작가: 동해 권진주

 ## 추억 그리고 그리움

시계를 통해 과거와 현재를 이어주는 보이지 않는 시간에 대한 추억과 그리움을 표현한 작품입니다. 우리의 일상은 현실에 안주하기도 하지만 때로는 추억 속에 머물기도 합니다. 지나간 아름다운 기억들과 때로는 슬펐던 기억들 그리고 첫사랑의 아련한 추억 속에서 웃기도 하고 울기도 합니다.

● 재료: 낡은 시계, 붙는 흙
● 식재다육: 흑룡각, 홍대화금, 중형녹탑, 천금장, 화제, 당인, 펜덴스,
　　　　　핑크루비 등
● 작가: 중앙회 이명주

 북두칠성

우연히 계란 한판을 정리하다가 계란을 깨뜨린 것이 아이디어가
되어 나온 작품입니다. 계란껍질에 다육을 심어 계란판에 북두칠
성 모양으로 배열을 하고 이끼와 티라이트로 마무리 하였습니다.

● 재료: 계란판, 계란껍질, 붙는 흙
● 식재다육: 우주목, 홍옥, 레티지아, 부영, 당인, 정야, 복랑, 유접곡,
　　　　　　벽어연, 펜덴스 등
● 작가: 포천 백은영

재활용 재테크 상품

물병은 장식적 오브제와 어울리지만 다육을 식재하려면 자연적인 오브제가 더 잘 어울리므로 물병에 마끈을 자유롭게 디자인하여 자연적 오브제로 변경시켜 사용하였습니다. 상품으로도 좋은 재활용 재테크 작품입니다.

- 재료: 빈 음료수병, 산호, 색돌, 마 끈, 붙는 흙
- 식재다육: 특엽옥접, 정야, 레티지아, 부영, 화제, 펜덴스 등
- 작가: 전주 안세령

천년의 신비 산호와 모스의 만남

 바다 속에 잠자고 있던 산호가 깊은 산속에 사는 모스를 만나서 아름다운 작품으로 탄생하듯이 우리도 만남을 통하여 서로에게 빛나는 존재가 되었으면 합니다. 공기정화와 습도조절에 좋은 작품입니다.

● 재료: 산호, 모스(스칸디아모스)
● 작가: 서복순

 ## 산호가 있는 바다 풍경

행잉으로 쓰이는 가벼운 유리용기에 틸란드시아를 심고 주변에 산호초를 디스플레이하여 흰색과 붉은색의 대비가 돋보이게 한 작품입니다.

● 재료: 산호, 유리용기
● 식재다육: 틸란드시아 등
● 작가: 중앙회 유채원

 # 프리저브드 안개꽃 장식

화병에 꽂힌 안개꽃 한 다발, 예쁜 색감으로 프리저브드 가공을 하여 오래도록 볼 수 있는 꽃과 유럽풍의 화병과 프레임이 품격 있는 분위기를 느끼게 하는 작품입니다.

● 재료: 석고 조형물, 화병, 프리저브드 안개꽃
● 작가: 서복순

자연으로 돌아가다

청정지역 스칸디나비아 반도에서 자라는 천연이끼를 소재로 따뜻한 느낌의 나무를 표현했습니다. 자연으로 돌아가고픈 현대인의 마음을 이 모스나무를 통해 잠시나마 달랠 수 있기를 기대해 봅니다.

● 재료: 스칸디아 모스
● 작가: 서복순

도움 받은 자료

1. 우리집 다육식물 이름 알기 원종희 , 월간플로라 편집부
2. 에케베리아 원예종 Echeveria Cultivars, 로레인 슐츠, 아틸라 카피타니 저, 서종철 옮김, 푸른길
3. 귀여운 다육식물 키우기, 내손으로 가꾸는 작은 기쁨. 마츠야마 미사, 조경자 역, 시공사
4. 꽃보다 예쁜 다육식물 인테리어 학습연구사 편집, 정원미 옮김, 옥당
5. 多肉植物の育て方 TIMELESS Edition/http://www.timeless edition.com
6. 多肉植物を育てよう！種類や植え替え、増やし方は？/http://www.lovegreen.net
7. http://www7a.biglobe.ne.jp/~JSS/succulent/succphotoFrameset.htm
8. 선인장·다육식물/네이버 지식백과/http://terms.naver.com
9. http://www.southeastsucculennts.com
10. http://ta29.jp
11. http://blog.naver.com/ever964/60166750576
12. http://www.cactus.or.kr/latest_1.htm
13. http://www.xplant.co.kr/bbs/board.php?bo_table=10&page=6&page=&page=7
14. http://www.succulentsandsunshine.com/learn-how-to-fertilize-succulents
15. http://www.drought-smart-plants.com/echeveria-identification.html
16. 기타 국내외 개인블로그, 네이버 지식인 등 다양한 정보 참고

작품 협조

청강아카데미 중앙회·청강아카데미 각 지부·대한다육토탈아트협회

저자 프로필

전희숙 - 독일국가공인 플로리스트 마이스터
충북대 평생교육원 화훼장식 전임강사, 청강아카데미 중앙회 회장

박수연 - 서울대학교 사범대학 졸업
그린인테리어 지도사, DIY 프리저브드플라워 공저(부민문화사)

서복순 - 다육공예 지도강사
청강아카데미 분과위원장, 신도림테크노마트공방 대표

송영숙 - 대한다육토탈아트협회장
한국공예치료협회이사, 다육아트 전문지도자